郭继承 著

《了凡四训》与命运密码

人民东方出版传媒
People's Oriental Publishing & Media
东方出版社
The Oriental Press

图书在版编目（CIP）数据

《了凡四训》与命运密码/郭继承 著. —北京：东方出版社，2022.7
ISBN 978-7-5207-2628-3

Ⅰ.①了… Ⅱ.①郭… Ⅲ.①家庭道德—中国—明代②《了凡四训》—研究 Ⅳ.①B823.1

中国版本图书馆 CIP 数据核字（2022）第 025944 号

《了凡四训》与命运密码
（《LIAOFAN SIXUN》YU MINGYUN MIMA）

作　　者：	郭继承
责任编辑：	张莉娟
出　　版：	东方出版社
发　　行：	人民东方出版传媒有限公司
地　　址：	北京市东城区朝阳门内大街 166 号
邮　　编：	100010
印　　刷：	北京明恒达印务有限公司
版　　次：	2022 年 7 月第 1 版
印　　次：	2025 年 7 月第 24 次印刷
开　　本：	660 毫米×960 毫米　1/16
印　　张：	13.75
字　　数：	143 千字
书　　号：	ISBN 978-7-5207-2628-3
定　　价：	56.00 元

发行电话：（010）85924663　85924644　85924641

版权所有，违者必究

如有印装质量问题，我社负责调换，请拨打电话：（010）85924602　85924603

序言　做命运的主人

如果让大家选择全世界人民都关心的问题，有关"命运"的问题，应该是其中之一。如何认识"命运"的秘密和人生背后的逻辑，如何更好地提高自己，如何有更好的发展，能够让人生更有成就、更有意义和价值，这一系列问题困惑了无数人。

有的人，奔忙一生，劳碌一生，却跌跌撞撞，劳苦而无功；有的人，抱着"命中有的终归有，命中无的终泡影"的宿命观，蹉跎岁月，遗憾一生；有的人，看似善良，却一生悲苦，让人叹息；有的人，看似无良，却也顺水顺风，如此等等，无不让我们好奇：到底什么是命运？命运背后的逻辑和密码是什么？我们如何才能把握好自己的命运？《了凡四训》这本书，打开了解答上述困惑的窗口。

《了凡四训》的作者袁黄，后改号"了凡"，以自己一生如何改变命运的亲身经历，为我们奉献了一本透视命运密码的家训经典。它可以让我们明白命运背后的规律是什么，然后才能按照规律做人做事，力争做命运的主人。

一个人立在天地之间，要做成大写的人，在经受各种考验的同时，力所能及做出经得起检验的成就，需要觉悟人生的真谛和命运的秘密，需要在觉悟人生的基础上懂得一些最基本的做人做事的道理。只有真正明白了事理，才知道人生应该怎样度过，才知道什么绝不可为、什么必须为，才知道如何把握好人生，走好人生的道路。

近代以来，曾国藩、印光大师等对《了凡四训》赞许有加。曾国藩曾说："不为圣贤，便为禽兽。"他对自己的德行要求很高，中年时自号"涤生"，即源自《了凡四训》的话："从前种种，譬如昨日死；从后种种，譬如今日生。"即洗涤旧迹，获得新生之意。

日本著名汉学家、阳明学大师安冈正笃先生，对《了凡四训》推崇备至，认为此书是"人生能动的伟大学问"，甚至建议日本天皇及历任首相将此书视为"治国宝典"，应当熟读、细读、精读；凡有志执政者，应详加研究。在诸多日本大学者的推动下，这部中国家训不仅对明治时期的日本青少年产生了巨大影响，迄今为止仍然深深教化着日本政经界的高层人士，其中就包括了"日本经营之圣"稻盛和夫先生。

任何一个民族的伟大，都不是无缘无故的；任何一个民族的壮阔，都需要精神的滋养。中华民族的文化灿烂博大，我们应该好好珍惜，从中择取最优秀的内容，让每一位公民都能读到，能理解，能欣赏，这样才能从整体上塑造伟大民族的精神魂魄，健全伟大民族的德行人格，才能极大地提高伟大民族整体的文明程度和精神力量，从而使中华民族开拓进取，永葆生机！

我从西北大学中国思想文化研究所博士后流动站出站后，曾经多次讲授《了凡四训》，每一次都有新的体会和收获，深知这一本书对于每一个人的价值和意义。当然，任何一本书在学术上都会有各种争议或者看法。我们在这里不沉陷于各种学术的争议，而是力争把这本书有益于人生和社会的智慧、思想传播开来，起到造福社会、助益人生的目的。

我在释义和阐发的过程中，不仅就内容做了符合时代的取舍，而且结合今天人们的各种问题和困惑，做了很多外延性的解读，目的就是希望这本书能够更多地帮到大家。让文化走进人民，造福人民，这是知识分子不可推卸的责任。

目 录

序　言　做命运的主人 …………………………………… 1

引　言 ……………………………………………………… 001

第一训　立命之学 ………………………………………… 007
 1. 命运被人算定 ………………………………………… 010
 2. 偶遇贵人 ……………………………………………… 018
 3. 命自我立，福自己求 ………………………………… 022
 4. 一切福田，不离方寸 ………………………………… 026
 5. 为何科举不顺 ………………………………………… 031
 6. 没有子嗣的六个反思 ………………………………… 034
 7. 财富、子孙背后的秘密 ……………………………… 040
 8. 了凡的第二次生命 …………………………………… 042
 9. 天作孽，犹可违，自作孽，不可活 ………………… 044
 10.《易经》的秘密 ……………………………………… 046
 11. 了凡的过人之处 ……………………………………… 048
 12. 立命之学 ……………………………………………… 052

13. "了凡"与"成圣" ………………………………… 058
14. 身在公门好修行 ………………………………… 063
15. 了凡的命运发生变化 …………………………… 068

第二训　改过之法 ……………………………………… 073

1. 春秋时期的"算命方式" ………………………… 075
2. 改过者,第一要发耻心 ………………………… 078
3. 改过者,第二要发畏心 ………………………… 081
4. 改过者,第三要发勇心 ………………………… 086
5. 每一个孩子都有优点 …………………………… 088
6. 改正错误的三种方法 …………………………… 089
7. 过有千端,惟心所造 …………………………… 093
8. 挂碍,就会有痛苦 ……………………………… 094
9. 过由心造,亦由心改 …………………………… 095
10. 最上治心,当下清净 ………………………… 097
11. 命运改变后的美好"征兆" …………………… 098
12. 人生走下坡路的表现 ………………………… 100

第三训　积善之方 ……………………………………… 105

1. "积善之家,必有余庆" ………………………… 107
2. 为善必先穷理 …………………………………… 109
3. 善有真假 ………………………………………… 110

4. 善有端曲 …………………………………………… 111

5. 善有阴阳 …………………………………………… 112

6. 善有是非 …………………………………………… 113

7. 善有偏正 …………………………………………… 115

8. 善有半满 …………………………………………… 117

9. 善有大小 …………………………………………… 119

10. 善有难易 ………………………………………… 121

11. 改变命运人人可行 ……………………………… 123

12. 仅仅善良就可以吗？ …………………………… 132

第四训　谦德之效 …………………………………… 135

1. 谦卦："六爻皆吉" ………………………………… 137

2. 嘚瑟是倒霉的前奏 ………………………………… 139

3. 乾卦的人生哲学 …………………………………… 141

4. 学国学更要谦卑 …………………………………… 145

5. 永远清醒，常怀忧患之思，才能永葆活力 ……… 146

6. 志无立，天下无可成之事 ………………………… 147

小　结 …………………………………………………… 149

附录一　了凡四训　（明）袁了凡 ………………… 157

第一篇　立命之学 …………………………………… 159

第二篇　改过之法 …………………………………… 165
　　第三篇　积善之方 …………………………………… 168
　　第四篇　谦德之效 …………………………………… 178

附录二　袁了凡居士传　（清）彭绍升 …………………… 181

我的学术和文化传播之路（代后记） …………………… 187

引　言

任何人的一生，都离不开读书。人类历史上的文化典范，应该成为我们每一个人的必读之书。所谓"典范"，是指在某一领域有代表性的成就，其内容和智慧可以给人极大的提升、帮助。阅读文化"典范"并从中汲取营养，是我们每一个人成长和发展的"捷径"。《了凡四训》不仅是家训领域的典范，也是中国文化史的典范。在中国文化的语境中，在中国人生活的场景里，如何教育好孩子，这是最具普遍性的文化需求。《了凡四训》为我们怎么教育好孩子提供了范本。

《了凡四训》所讲述的"命运"的秘密，更是全人类都好奇、关注和沉思的问题。从这本书里，我们不仅可以领悟每一个人都特别好奇和关心的"命运"的秘密和人生背后的逻辑，而且在我们如何把握自己的命运，如何找到人生的意义和价值，如何让自己的人生更有成就、得到更好的发展等问题上，也会有很大的收获和启发。

《了凡四训》记载的故事

《了凡四训》这本书的作者叫袁黄，最初号"学海"，后来改号"了凡"。这里边有一个因缘，我跟大家简要地说一下：袁黄，浙江嘉善县人，出生在明代嘉靖年间（1533），去世于万历年间（1606），享年74岁。他的父亲很早就去世了，母亲给他提了个建议，让他放弃科举考试而学医。后来他在山上采药时认识了一位孔姓老先生。这位孔先生对他说：看你的面相，你实际上是一个做官的命，为什么不参加科举而在山上采药呢？他听从了这位先生的话，就放弃学医开始参加科举考试。孔老先生还对袁黄的一生做了个测算，测算袁黄的每一次考试考多少名，能够取得多大的成就，等等，把他这一生的事都预测了出来，甚至告诉他去世的年龄是53岁那一年的八月十四日丑时，也就是把袁黄的人生终极时刻都算定了。

根据袁黄自己的描述，开始他并不是很相信这种测算，但是后来经过了几次试验以后，他发现事情的结果和这位老人家说的都一一对应。这样一来，他就信了那位先生的话，整个人慢慢变得心如死灰了。为什么？因为他觉得一生什么东西都被命运圈定了，自己人生不会再有什么变数了，什么憧憬、理想、规划等等，都已经没有任何意义，所以他的心态就非常消沉。

后来在南京栖霞寺，袁黄拜见了一位大德高僧——云谷会禅师。云谷禅师发现了他的这个情况以后，诚恳地给他一番点拨，才让他真正认识到了什么是命运的真谛，一个人应该怎样把握自己的命运。他按照云谷禅师的指点去努力践行，结果他的心地和行为都变了，他的命运也整个跟着发生了变化，他的人生轨迹和原来那位孔先生算定的整个运势就不一样了。

袁黄最后不是53岁去世，他终年实际上是74岁。孔先生原来算定他是没有子嗣的，说白了就是没有孩子，而实际上他后来有了儿子，这说明他后来的命运轨迹完全发生了变化。

学习《了凡四训》这本书的缘起

这一本书里讲的东西对我们每一个人都特别有用，以至于中纪委的网站特别推荐了这本书。中纪委建议大家去阅读《了凡四训》，我也接到了全国各地的邀请，要我前去讲这本书，这背后都反映了这本书的价值和意义。我觉得国家建议学习这一本书，有一个非常好的用意：那就是这一本书，能够让我们用正确的态度看待命运，明白怎么通过自己的努力来把握命运，做一个真正对社会、对国家有价值的人。

袁黄本来号"学海"，他懂得这些道理以后，就照着做，结果命运轨迹发生了很大变化，摆脱了孔先生测算的结果。这个时候他把自己的号改了，"学海"改成了"了凡"。这个"了凡"的"了"就是结束，"凡"就是凡夫，意思就是，从此以后就不再做庸庸碌碌、浑浑噩噩的凡夫了，实际上是立志要超凡入圣，向圣贤学习。

我下边专门给大家阐释这一本书。重要的内容我会解释得非常详细，争取一句话一句话地给大家解读，个别不太适合今天环境的地方，我们忽略不计，其他只要对我们有很强的现实意义的内容，我们都一起来好好地学习，仔细地体会。

怎么看待命运，这是一个太重要的话题。不仅我们中国人关心，全世界的人都很关心怎么理解命运、怎么把握自己的命运。

现实中有一些人，认为人的一辈子都是定好了的，这叫宿命论——命里该有的就会有，仿佛不怎么努力也能得到；不该有的机会，不要去争，好像费尽心力也是梦幻泡影等等。而且这种观点影响了很多人，几乎我们每个人都听到过类似的话。那么，到底该怎么看待命运就显得特别重要。《了凡四训》就是一部揭示命运秘密的经典读本。

人类文化的进步，从来不是靠推倒重来，而是在累积的基础上不断学习、反思、融汇和创造的结果。我们一定要认真地从中华优秀文化典籍里去吸收智慧和营养，认真地去了解历史文化中那些真正拥有大智慧的人，了解他们是怎么看命运、怎样把握和创造人生的。我们应该好好地向他们去学，而后争取身体力行。在这个过程中我们不仅要认识命运，更要引导自己去改变命运，去把握自己的命运。让我们的生活、我们的孩子、我们的家庭、我们的国家、我们的社会变得更和谐、更美好，更井然有序，这才是我们学习的目标。

《了凡四训》是哪"四训"

《了凡四训》这本书分四部分，第一部分是讲"立命之学"。所谓立命之学，是把命运是怎么回事从道理上做了全面解释。这部分主要是借云谷禅师之口，把命运背后的机理，以及人应该怎么把握命运等道理讲通了。那么改变命运的方法是什么？这就是第二部分"改过之法"和第三部分"积善之方"的主要内容。第四部分讲的是"谦德之效"，也是告诉我们怎么做人，特别强调了为人谦卑的重要性。书中为什么要求我们待人要谦和，做人不要张狂？这里边有大道理。大家有时间读读《易经》。《易经》的六十四卦里边，第十一卦就是"泰"，第十二卦就是"否"，它是告诉我们泰、否两个极端状态的变化。一个人很顺利的时候，就是"泰"了，我们叫风生水起；如果在顺水顺风、位高权重的时候得意张狂，那水满则溢，月盈则亏，常常马上就会遭遇挫折，俗话称之为：上天让谁灭亡，必先让他疯狂。我们生活中这样的事太多了，我想很多朋友都会有体会。第四篇"谦德之效"，其实是告诉我们无论做出多大的成就，或者当多大的官发多大的财，永远都要很谦和，永远都要知道自己是谁，永远都要本本分分，永远都要知道自己在社会上的责任和使命，奉献自己，千万不要张狂。这就是谦德之效，谦就是谦和。这是《了凡四训》四个部分的主要内容。

第一训

立命之学

我们首先从第一篇开始——"立命之学"。在这一部分，我们通过袁了凡的经历，以及云谷禅师怎么给他讲述命运的秘密，等等，把命运背后的逻辑和秘密讲清楚。在此有必要提醒，这本书，别看它是一本家训，实际上它里边的道理，是儒家、道家、佛家兼通，也就是说，读这本书需要儒释道三家的功底，如果你没有这三家的功底，理解起来就比较难。我理解到什么程度，就分享到什么程度，争取让每一个读者，不管是什么样的教育背景，都能清楚明白。

《大学》里有"三纲八条目"："三纲"是"大学之道，在明明德，在亲民，在止于至善"；格物、致知、诚意、正心、修身、齐家、治国、平天下，这是"八条目"。这个八条目说得非常清楚，它实际上讲的是一个人这一辈子无论做多大的功业，一定是四个字："内圣外王"。从格物、致知、诚意、正心、修身开始，把自己修好了，那么在这个时候才能"齐家"，让家庭很和谐，然后才能"外王"，去"治国，平天下"，做出一番事业。不管一个人有多大的雄心壮志，修身是成就事业的前提和基础。而一个人的修为，最直接的影响来自家庭。什么样的家庭，往往培养出什么样的孩子；人这一辈子取得多大的成就，或者一个人形成什么样的人格、德行等，最大的影响往往也是来自家庭。推而广之，一个社会、一个时代的风气如何，也和那个时代普遍的家教和家风相关。所以我们要好好重视家教和家风，把这本家训经典学好。

1. 命运被人算定

《了凡四训》立命之学的开篇是这么说的：

余童年丧父，老母命弃举业学医，谓可以养生，可以济人，且习一艺以成名，尔父夙心也。

这句话的意思是什么呢？了凡说，他小的时候父亲就去世了，母亲让他弃举业学医，就是说不要去走科举这条路，而是去学医。为什么这样呢？**"谓可以养生"**，就是可以照顾自己的身体，照顾亲人的身体，还**"可以济人"**。大家注意这句话，特别了不起！"济人"就是帮助别人。大家想想，一个母亲，告诉自己的孩子为什么学医：不但可以保护自己和家人、朋友的健康，同时还可以帮助别人。古代很多知识分子的理想，就是"不为良相，便为良医"。良相就是做一个好宰相,宰相是国之大臣,相当于现在国务院总理这个位置,总揽全局,协调各方力量,促进国家的发展,其实是给大众服务的。在传统社会,真正有追求的人,不能成为良相就要做良医。做宰相救治大众的苦难,为人民的福祉努力,做良医救治别人身体的疾病。良相和良医,两者价值导向的目标相同,都是为了救人。大家注意,这位伟大的母亲在教育孩子的时候,告诉自己孩子,学医不仅可以养生,还可以济人。所以袁了凡后来能做出那么大的成绩,和母亲的教养密不可分。袁了凡的母亲明确地把能否帮助别人作为孩子职业选择的依据,非常了不起!

我们做父母的看到这段话,是否要扪心自问:我们在教育孩子的时候,有没有告诉孩子,这一辈子学医也好,学其他的专业也好,不仅要自己过得好,还一定要帮助别人?可能很多父母想的是,自己的孩子不要吃亏,不要受委屈,学经济、金融可以赚大钱,学法律可以当官,等等。而袁了凡的母亲说学医可以帮助别人,这值得我们每一个人反思。在我们所有的理想中,除了出人头地这种一般的老百姓都有的一点小想法之外,有没有想着通过自己的努力更多地去帮助别人,去服务社会?所以说像了凡这样的人,能够取得一些成就,绝不是偶然的。母亲还告诉他,**"且习一艺以成名,尔父夙心也"**。说你学医学好了,成为一个非常好的大夫,值得大家尊重,也能满足你父亲生前愿望。什么是孝?孝虽然有很多含义,但绝不浑浑噩噩,绝不啃老,能够踏踏实实在某一个利国利民的行业上有所成就,这是对父母的告慰,就是孝。

后来，了凡有一次上山采药，在慈云寺遇到一个老者，这个老者的形象"**修髯伟貌，飘飘若仙**"。长须飘飘，一看就是仙风道骨的样子。这里也要注意，人们一般都说相由心生，老人家如果是仙风道骨的相貌，那大概也是一个人心性和修为的外在表现，某种程度上是一个人修为达到一定程度之后所展现的一个相。所以了凡说"**余敬礼之**"。注意，了凡见了这位老人家以后，就上前施礼，敬拜老者。这里又有一个值得我们反省的地方。当我们在很多场合见到长者，是不是做到了主动礼敬？你看看，了凡就这样，实际上他命运的改变，就和这一次的礼敬有关。所以我建议大家，平常一定要恭敬人，这样才能得到别人善意的提醒和帮助。中华民族自古以来就被称作"礼仪之邦"。从了凡小的时候，就能看出他具有礼仪修养。他见了一个素昧平生的陌生人，对方是个忠厚长者，长须飘飘，一副仙风道骨的神态，他马上去顶礼，就得到了这个长者的好感。这个世界上没有无缘无故的爱与恨，没有无缘无故的好运霉运，都是平时待人接物的积累。

长者看到如此有礼貌的年轻人，就跟他说："**子仕路中人也，明年即进学，何不读书？**"——年轻人，你其实是个当官的人，明年你就可以去考学，为什么你不选择读书这条路呢？因为在老者看来，了凡这个年龄正是刻苦用功参加科举考试的时候，不应该在山里游逛。然后了凡就告诉这个老者：小的时候父亲去世了，母亲希望我学医，在家母看来，学医不仅可以救自己和身边的人，还可以帮助更多的人。他把这个事的前因后果告诉了这位长者。

接下来了凡"**叩老者姓氏里居**"。这个"叩"实际上是磕头的意思，是给这个长者行大礼。他问老人家：我怎么称呼您呢？了凡这么一问，这个仙风道骨的老人说："**吾姓孔，云南人也。得邵子皇极数正传，数该传汝。**"长者说，他姓孔，祖籍云南，得到了北宋邵雍先生的皇极数正传，根据周易相数的测算，他这一套本事应该传给了凡。这里我给大家简单讲一下邵雍先生的事迹。中国思想史在北宋这个阶段，到了儒释道融会之后的爆发时期。主要代表人物就是北宋五子：以《爱莲说》为世人熟知的周敦颐先生；开启程朱理学和陆王心学先声的程颐、程颢两位先生；提出"为天地立心，为生民立命，为往圣继绝学，为万世开太平"的张载先生；以研习《易经》见长的邵雍先生。邵雍先生在中国《易经》的发展史上，是一个了不起的人，可以说是有划时代成就的。整个人类历史和人事的演变，经过他用《易经》的推算，达到了相当高深的程度。那么这位孔先生说：我得到了邵雍先生整个《易经》术数的精华，冥冥之中，我这一辈子应该遇到你，而且我的本事也应该传授给你。

那么了凡怎么做的呢——"**余引之归，告母。母曰：善待之。**"了凡把老人家请到家里，告诉老母亲：我把一位老人家给请来了。母亲告诉他，善待之。大家看这位母亲的伟大，告诉了凡一定要好好地礼敬孔先生，要好好地对待先生。大家是否发现，了凡的母亲待人特别友善，了凡在母亲的教育下，待人也彬彬有礼，而且能发自内心地恭敬别人？我觉得这一点值得我们每一个人去好好学习。所有将来看这本书的朋友，我们每一个人，要懂得真正去恭敬别人，还要教育我们的孩子去恭敬别人。说实话，作为老师，我看到现在很多学生并不懂得恭敬人，而且那个眼神甚至有些狂傲，对别人还有一些轻蔑。一个年纪轻轻的人，有那种对人不恭敬的表情，其实是心里边生不起对别人的尊重和敬意。一个人如果轻慢和骄狂，他在社会交往的过程中容易遭受伤害，会为此付出代价。不管文明发展到什么程度，尊重人、恭敬人都应该是人类文明的一个标志，而且会给自己带来好运和福报。

接着，了凡在生活中就看孔先生给他测算的几件事是否真的准确，结果是"**试其数，纤悉皆验**"。试了几次，孔先生给他算的全对了。于是呢，"**余遂起读书之念，谋之表兄沈称**"。于是他就想，孔先生预测得如此准确，说我是个读书的人，还能考科举成功，那我为什么不去读书参加科举考试呢？我应该去读书走科举的道路。然后就去找表兄沈称商量，表兄告诉他："**郁海谷先生，在沈友夫家开馆，我送汝寄学甚便。**"表兄说，郁海谷先生正在沈友夫先生家里开私塾，我可以把你送到那里去学习。于是，了凡就礼郁海谷先生为师，听从孔先生的建议，正式走上了读书科举的这一条路。

然后孔先生就给了凡进一步测算了以后考试的名次。"**孔为余起数**"，给他继续算："**县考童生，当十四名；府考七十一名；提学考第九名。明年赴考，三处名数皆合。**"这里对明代的科举考试做一点介绍。县考，就是参加县里的童生选拔，童生选拔以后还要参加府考和省考（提学考）。孔先生预测县考童生，了凡的名次是第十四名。随后参加府考（相当于现在的地市级的考试），是七十一名。然后再参加"提学考"，类似于省教育厅一级的考试，名次是第九名。经过县考、府考、提学考三关之后，才能成为秀才。当然，还有更高层次的乡试、会试和皇帝的殿试，但在孔先生算来，了凡没有考中进士的命分。

后来袁了凡参加了考试，结果名次和孔先生先前的测算完全一致。袁了凡大为惊奇，了凡一生奇遇和命运转折都与此有关。

难道人的命运已经前定？人只能被动地接受安排？如果说"宿命论"是错误的，它错在哪里？命运的秘密到底是什么？我们接着往下看。

有了这些让人惊奇的经历，袁了凡找到孔先生，要求**"复为卜终身休咎"**。什么意思呢？就是请孔先生给他的一生做一个精细的推算。孔先生告诉了凡**"某年考第几名，某年当补廪"**。这个"补廪"我解释一下，就是考取秀才之后，到了一定时间期限，如果是秀才里的佼佼者，就补为廪生。从秀才补为廪生以后，就可以拿俸禄了。补廪以后又可以选拔贡生，**"某年当贡"**，当贡生以后就有了做官的资格。后来说了凡**"贡后某年，当选四川一大尹"**，"大尹"就是县令，用今天的话，就是袁了凡被选为县委书记，当了县里一把手。**"在任三年半，即宜告归"**。告诉他，当县领导三年半后就回老家。**"五十三岁八月十四日丑时，当终于正寝，惜无子"**。也就是说，五十三岁这一年的八月十四凌晨一点到三点,就是袁了凡离世的时间,可惜一生没孩子。这就是袁了凡一生的命运轨迹。

了凡听了以后,认认真真地记录下来,**"余备录而谨记之"**。什么是"丑时"？我给大家介绍一下。在中国的天干地支计时中,一天分十二个时辰。"子、丑、寅、卯、辰、巳、午、未、申、酉、戌、亥",这是十二地支计时。子时是现在的十一点到凌晨一点;从凌晨一点到凌晨三点,这就是丑时。孔先生算他去世的时刻,就是五十三岁那年的八月十四日丑时,寿终正寝。了凡先生心理素质很好,听了这个也不紧张,都仔细记了下来。

由于以前孔先生给他算定的事都应验了,所以了凡对孔先生给他算的一生吉凶祸福都认真对待,加以勘验。结果是**"自此以后,凡遇考校,其名数先后,皆不出孔公所悬定者"**。从那以后,他考试的名次,都和孔先生算定的是一致的。后来**"独算余食廪米九十一石五斗当出贡,及食米七十余石,屠宗师即批准补贡,余窃疑之"**。就是说,孔先生给他算的食廪米的数目,出现了误差。刚才已经介绍过,秀才选为廪生之后,就可以拿俸禄了,按孔先生测算的结果,了凡拿廪生的俸禄到九十一石五斗的时候,可以出贡当贡生。但是到他拿到廪米七十余石的时候,"屠宗师即批准补贡"。宗师就是学台,学台是一个省里管教育的官员,类似于今天教育厅的负责人。屠宗师,也就是省教育厅的负责人,批准他补贡。这个时候了凡心里就想：孔先生算的是不是已经不准了呢？他给我算的是"九十一石五斗当出贡",可是现在我拿廪米七十余石,学台官员已经让我当贡生了。他就开始有点怀疑了。**"后果为署印杨公所驳"**，可是县里选拔了凡出贡的意见书，送到署印杨公那里，也就是一位代理省教育厅的负责官员面前的时候，未获批准，给退回来了。**"直至丁卯年，殷秋溟宗师见余场中备卷"**，直到丁卯年，另外一个学台殷秋溟宗师，看到了凡写的卷子，**"叹曰"**，很感慨地说：**"五策即五篇奏议也，岂可使博洽淹贯之儒，老于窗下乎！"** 这句话的意思是什么呢？是说这五篇文章，就像五篇奏折一样，其对国家的那份情怀，和他那种博览群书洞察世事的学问，太了不起了！如果说这种人国家不任用，让其老于窗下，岂不是很可惜吗？于是殷秋溟宗师就告诉下边的办事人员，你们要把了凡这样的人，赶紧从廪生选为贡生——就让县里边去写呈文。批准的那一天，了凡先生一算，前面七十余石的廪米，再加上耽误的这段时间补发的，加起来正好是九十一石五斗，跟孔先生算的完全一致！这一段曲折的经历，更让袁了凡觉得一切都是注定的！

这个时候**"余因此益信进退有命，迟速有时，澹然无求矣"**。他就开始更加相信，一个人的进退得失，都是命运安排好了的，该来的时候会来，不该来的时候它就不来；或者那不该来的时候，来了你也得不到，该得的哪怕有点波折最后也会得到，于是**"澹然无求矣"**。为什么澹然无求？大家想想，在袁了凡看来，既然整个命都被算定了，都是被人家像数学公式一样规定好的，有什么好求？求也是妄求，所以他变得澹然无求了。

2. 偶遇贵人

　　注意，在这个时候，了凡先生还没有经过明师的指点，他以为孔先生给他算的这个"命"，就是他不得不接受的"命"，他开始逆来顺受地接受这些东西。这让他变得消极，你看了凡先生的状态，**"贡入燕都"**，当上贡生以后到了燕都，就是到了北京，**"留京一年，终日静坐，不阅文字"**。按说当了贡生，应该雄心勃勃干一番事业，不！他已经知道什么时候死了，五十三岁八月十四丑时，所以他阅读文献都没有心思了，更不要说积极地做事情。**"己巳归"**，到了己巳年南归，**"游南雍"**，就是到南京的国子监去。**"未入监，先访云谷会禅师于栖霞山中"**，入监之前，他先到栖霞山拜访云谷禅师。南京有个栖霞寺，是中国四大名刹之一，佛教"三宗论"的发源地。

　　云谷禅师和了凡一样，也是真有其人。他在明代是一个了不起的大德高僧。云谷禅师，法名"法会"，又号"云谷"。祖籍浙江省嘉善县胥山镇，俗姓怀，出生于公元1500年（明孝宗弘治十三年）。幼年便看破红尘，立志出家。投在本乡大云寺一个老和尚座下，剃度为僧。起初他仅在寺中学习赶经忏、放焰口。做好本职工作之余，他常这样想：既然出了家，应该了生脱死，念经超度这样的事，终究不是他的追求。

　　当时有一位法号为法舟的禅师，承袭了宋代大慧宗杲禅师的遗风，在本县的天宁寺闭关修行。云谷禅师听说后便去参访问道。法舟禅师启发他：止观的要诀，不着于身心气息，内外都要放得下。而你所修行的方法，落于下乘，哪里是佛法最上乘的意旨呢？学佛必定要以明心见性（开悟）为主。云谷禅师听了，感动得难以自持。特地请求指教，法舟禅师教他切实去参"念佛者是谁"，叫他当下发露"疑情"。他便依着指示，不分日夜地参究，连吃饭睡觉也常常想不起来了。有一天饭吃完了他也不知自己已吃完，还按着空碗扒饭，因此手里的碗，忽然不小心摔到地上。因地一声，猛然打破黑桶，仿佛大梦初醒一样。这就是禅宗常说的根尘脱落，照见本来。

他再向法舟禅师请教他的境界，便得到法舟禅师的印证！接下来，他便读禅宗大典《宗镜录》，对照历代祖师的公案参悟自性。这个时候，他已彻底觉悟"三界唯心"，自此以后，所有佛经与佛法真义，历代禅宗祖师的公案，都清楚得如同从自性流露出来的一般。可以说，云谷法会禅师是真正开悟的一代宗师。

袁了凡在南京拜访的就是这位禅师。见面之后，了凡和云谷禅师**"对坐一室，凡三昼夜不瞑目"**。就是这三天三夜的时间里，眼神都不措动。注意，眼神不措动说明什么？说明了凡的心不怎么动。一个人眼睛滴溜溜地东张西望，是因为那种人的心妄念翻飞。了凡认为孔先生把他的命都算定了，所以他澹然无求，觉得求啥都没用，心跟死灰一样，他就是这么一个状态，三昼夜心如死灰。

这个时候，云谷禅师就跟他对话，"云谷问曰：凡人所以不得作圣者，只为妄念相缠耳"。注意这句话，云谷禅师说凡夫之所以不能成为圣人，只是因为妄念相缠，整天打妄想，胡思乱想。妄想就好比天上的阴云，心灵好比是一面镜子，你整天阴云密布，镜子上的光芒是没办法折射出来的。所以说，生命都消耗在一个又一个妄想之中，你怎么可能成为圣人呢？在清净中证悟智慧，这是中国文化诸家的共同观念。包括儒家讲静坐，禅宗讲禅定、参话头，净土宗讲念"阿弥陀佛"，均有此意。在佛教看来，念"阿弥陀佛"除了念者能受到阿弥陀佛的加持之外，其实还有一个很重要的作用，就是把你散漫的念头排除掉，心神都维系在一声佛号上，真正做到一心不乱。什么江湖、是非、恩怨、男女等杂七杂八的念头都要摄住。当一个人以至诚之心念阿弥陀佛的时候，"万法归一"，就是把杂乱的念头摄到一个佛号上，用这一声佛号，把自己的心给收住。所以针对"妄念相缠"，实际上中国儒释道三家的很多修行要旨，都指向了打掉"妄念"这一共同目标。当然，所谓"妄念"，是指一个人不明白念头不过是自性起用的一种表现，做了念头的奴隶，不懂得体悟自性的源头。一个人，一旦明了大事因缘，并非没有任何念头，而是这个时候做了真正的主人翁，灵灵觉觉，明月高悬，而不会迷失在念头升起的世界里。

云谷说："**汝坐三日，不见起一妄念，何也？**"我和你对坐了三天，不见你起一个妄念，你的眼神都不措动，为什么？这个时候，了凡就说："**吾为孔先生算定，荣辱死生，皆有定数，即要妄**

想，亦无可妄想。"了凡就说实话了：禅师啊，我小的时候被孔先生算了一卦，把我这一辈子该干啥，不能干啥，以至于什么时候死，都告诉我了；什么时候倒霉，什么时候升官，什么时候会遇到什么事，也全告诉我了；而且我检验之后，全是准的。我现在就懂得一个道理：人生都有定数，除此之外，求啥也没用。我即便是想妄想，也无妄想可打。云谷禅师一听这话，哈哈大笑："**我待汝是豪杰，原来只是凡夫。**"云谷笑着说：我以为你是个豪杰，原来不过是一个匹夫！请大家注意，通过云谷禅师的"笑"，我们就会觉察人生的命运绝不是什么都已经决定好了这样简单。于是了凡**"问其故"**。这个时候了凡就很奇怪：禅师你为什么这么说呢？注意，他似乎已经感觉到有一点希望了：既然禅师这么笑我，那言外之意是我这种认命、无所事事、无所作为的状态，大概是不对的。禅师这样回答：

人未能无心，终为阴阳所缚，安得无数？但惟凡人有数。极善之人，数固拘他不定；极恶之人，数亦拘他不定。汝二十年来，被他算定，不曾转动一毫，岂非是凡夫？

云谷禅师说，一般的凡夫俗子没有证悟到禅宗所讲的"无心"状态。所谓"无心"，其实就是体露真常，常住真心启用，不像凡夫妄念翻飞、自己不能把握自己。因此，普通人都有一个妄心，必然为阴阳所缚。注意，我们普通人的心是整天打妄想，东想西想的。我们自己都想一想：一天里念头像瀑布一样，林林总总，可能这一两秒钟之内，就有无数的念头，旋起旋落。你只要胡思乱想，心念不能自己把握，就终为阴阳所缚。阴阳是什么呢？其实就是我们这个世界的规律。所以禅师告诉了凡，说你这个凡夫整天打妄想，东想西想胡思乱想，那么生活在天地之间，当然被束缚在规律之中，这叫"**凡人有数**"。

可是"**极善之人，数固拘他不定；极恶之人，数亦拘他不定**"。这句话又是什么意思呢？极善的人，就是做了利国利民的大善事，为人民、为社会、为众生做了很大的善业的人，不会被束缚在定数中。假如一个人这辈子本该活80岁，因为乐善好施，心胸开阔，饮食起居很有规律，结果却活了100岁。比如一个人本来只能干到处级，由于兢兢业业，甘于奉献，任劳任怨，遵纪守法，经受了考验，结果干到部级。那么这就是"极善之人"，定数拘不住他。假如一个人这一辈子该活90岁，结果丧尽天良，干了伤天害理的事，20岁作奸犯科被抓了，说不定就被枪毙了；有的人当官该当到正部级，甚至更高的级别，结果因为贪赃枉法，不仅锒铛入狱，甚至还要家破人亡，这都叫"极恶之人，数亦拘他不定"。禅师又说"**汝二十年来，被他算定**"，你被孔先生算了一卦之后，二十年来命运一点都没改，"**不曾转动一毫，岂非是凡夫**"，你不是一个俗人吗？你真可怜。

3. 命自我立，福自己求

当了凡听到"汝二十年来被他算定，不曾转动一毫，岂非是凡夫"这句话以后，心里边生起的是什么？就咯噔一下，啊！原来命运是可以改的！注意，云谷禅师的这一番话，实际上是让了凡先生生起了怎么来理解命运、怎么样把握和改造命运的希望之光，可以说唤醒了他二十多年的死灰之心。

了凡马上急切地问："**然则数可逃乎？**"难道这命是可以改的吗？云谷禅师回答："**命由我作，福自己求。**"大家要注意这句话，我觉得所有的人都应该把这八个字当作自己的座右铭。命，不是外在的一个东西让你有命，没有什么造物主造出你的命，没有谁决定你必须这样，必须那样。所以中西文化差别很大，西方人谈命运的时候，认为有一个造物主创造了你的命运，你必须跪在这个造物主的面前，去祈祷，去祈求救赎、拯救。但我们中国文化不认为有一个超越的决定人一切的力量，中国人说"命由我作"。人这一辈子，种善因得善果，种恶因得恶果，种如是因得如是果。你这一辈子命怎么样，是你的事，所以说"命由我作"。福，也不是谁给你送的福报，"福自己求"——这一辈子如果有福报，都是从自己求来的。"**《诗》《书》所称，的为明训。**"《诗经》和《尚书》里边的话，云谷禅师说，那都是明训，即明明白白的真理。注意，"命由我作，福自己求"，是早在《诗经》和《尚书》里边就说了的。《诗经》和《尚书》，实际上是在佛教还没有传入中国，甚至佛教还没有产生的时候就都有了的。所以"命由我作，福自己求"这种深刻道理，是中国历代的觉悟者，包括孔子之前的那些觉悟者，都已经知道了的。千万不要迷信，不要以为是一个神秘力量决定了自己的命运，不是这样的！

夫子说："敬鬼神而远之。"什么意思呢？"敬"就是说我们对这个世界要有敬畏之心，不可狂妄自大。为什么要"远之"呢？远之的言外之意是，除了恭敬，还要懂得把握自己的命运，改造自己的命运，这全靠我们自己。这就是《易传》里的话："天行健，君子以自强不息。"所以，咱们中国对命运的看法是一脉相承的。

接着，云谷禅师说，**"我教典中说"**，注意，大家知道云谷禅师是佛门中人，他除了运用《尚书》和《诗经》道理以外，他还引用了一个佛教典籍，这个典籍实际上是《药师经》。释迦牟尼佛在讲法的时候，不仅对我们生活的这个世界做了很多讲解，他还给我们介绍了很多其他宇宙空间的佛国。由此世界西去数十亿恒河沙数的世界之外，有一个世界叫极乐世界，其佛叫阿弥陀佛，大家知道《无量寿经》等都是讲的这个佛国世界。释迦牟尼佛还讲，由我们这个世界向东，"东方去此过十殑伽沙等佛土，有世界名净琉璃"（《药师经》），这个佛国是药师佛主化，是药师佛的大愿所生的一个世界，就是药师琉璃光净土。在这个《药师经》里有一句话，叫**"求富贵得富贵，求男女得男女，求长寿得长寿"**。注意，《药师经》里面说，一个人如果求富贵，你就能得到富贵，求生男生女就能生男生女，求长寿就能长寿。云谷禅师还强调：**"夫妄语乃释迦大戒，诸佛菩萨，岂诳语欺人？"** 诳语欺人就是说瞎话欺骗别人，这是佛家的大戒。佛家有最起码的五戒十善，五戒是不饮酒、不偷盗、不邪淫、不杀生，还有不诳语。不诳语就是你做不到的事，你不能吹嘘说做得到，不可乱说假话。

云谷禅师告诉了凡，求富贵得富贵，求男女得男女，求长寿得长寿，这是《药师经》说的话，是千真万确的。"诸佛菩萨，岂可诳语欺人？"这些彻悟的圣人说的话，都是真语、实语，真实可靠。

云谷禅师实际上是想告诉了凡，人这一辈子，无论是《尚书》和《诗经》所讲"命由我作，福自己求"，还是《药师经》所讲"求男女得男女，求富贵得富贵，求长寿得长寿"，都是真实不虚的。而且云谷禅师告诉他，只要按照圣贤的这个要求和指导去做，你的命运一定能改。

命运，给人的感觉仿佛是人力之外规制人、让人不得不服从的一种力量，实际上反映了人的起心动念、人的言行和所产生后果之间的必然联系。一个人的命运轨迹，实际上就是因和果组成的逻辑链条。比如：两个同学同时考上一所高中，三年后其中一个考上重点大学，另一个人没有考上好大学。一般的老百姓容易说某某人真幸运或者命真好，能够考上重点大学。实际上，这是没有明白命运逻辑线条的糊涂话。任何一个人，没有无缘无故的好运气，也没有无缘无故的坏运气，一切都是自己努力的"因"和努力之后的"果"组成的链条。如果我们仔细考察这两个学生的高中生活，看看他们怎样听课、怎样用功、怎样复习练习、是否谈恋爱分心，等等，我们就会知道两个人不同考试结果的原因所在。一句话，命运的主人就是自己，关键是自己怎么努力，怎么广结善缘，自己读了什么样的书，懂得了什么样的道理，有什么样的价值观，等等。中国文化不认为命运背后有一个造物主，不认为有人之外的神秘力量决定人的命运，而是一切都在于自己的起心动念，在于自己的打拼和努力。正因为中国文化有这样的命运观，我们这个民族遇到任何困难，都能昂扬奋进，奋发有为，团结人民不断克服困难，走向胜利！这是中华民族最宝贵的文化财富和精神标识，值得我们好好地呵护和传承！

4. 一切福田，不离方寸

经过一番对话，云谷禅师告诉袁了凡，人的命运可以改变，因为人生的真相是"命由我作，福自己求"。一个人的未来如何，就在于当下怎么把握，怎么努力。云谷禅师给他讲这番道理的时候，用了《诗经》和《尚书》里的话，还用了佛经里的话，而且云谷禅师还说，打诳语说谎话，是佛家的一个大戒，以此来增强袁了凡的信心。听到这里，了凡继续问：

孟子言，"求则得之"，是求在我者也。道德仁义，可以力求；功名富贵，如何求得？

这个时候，了凡又有疑问了，他说，孟子讲"求则得之"，我如果如理如法地去求，我是能得到的，但这是求什么呢？是求仁义道德。就是我要做一个高尚的人，做一个有道德的人，我如果努力去做，就可以做到，因为这是内在的东西。如果是外在的功名富贵，比如我想多赚钱，我希望官可以当得大一些，这种功名富贵是外在的东西，如何求得？他有点疑惑。求富贵得富贵，

求长寿得长寿,这是真的吗?云谷禅师回答说:

孟子之言不错,汝自解错耳。汝不见六祖说:"一切福田,不离方寸;从心而觅,感无不通。"求在我,不独得道德仁义,亦得功名富贵。内外双得,是求有益于得也。若不反躬内省,而徒向外驰求,则求之有道,而得之有命矣。内外双失,故无益。

云谷禅师其实是非常细致地给我们讲了一个求的方法,这个特别重要。我们说命自我立,福自己求,可是我的命怎么立?我的福如何求?有方法,你要如理如法地去求。云谷禅师告诉他,孟子说的话不错,是你理解错了。孟子说"求则得之",得的不仅是仁义道德,而且还能得功名富贵,是你自己不理解,你以为只有自身的道德仁义可以求得,而外在的功名富贵,如过得好、发展得好是不能求的。实际上,同样能求。云谷禅师用六祖的话印证了自己的判断。六祖是禅宗的第六代祖师爷,叫惠能大师。中国禅宗的初祖是菩提达摩,他是从印度来到中国的,之后经过神光、僧璨、道信、弘忍,传到了惠能,也就是六祖,中国的禅宗开始发扬光大。应该说中国的禅宗到了六祖这里,出现了一大批开了悟的禅师,这个时候,禅宗开始遍及中国。六祖讲的经叫《六祖坛经》,在中国佛教史上具有重要地位。除了释迦牟尼佛说的话,能够称为佛经典籍的,只有《六祖坛经》,所以六祖非常了不起。

六祖说:"**一切福田,不离方寸;从心而觅,感无不通。**"世间一切的福田,都不离方寸。方寸就是心,那么从心而觅,感无不通。他讲了一个方法,就是真心去求。真心去求,这看起来简单的四个字，并不是大家想的那么简单。

比如我们要求全体党员不忘初心、牢记使命。中国共产党的初心是什么？其实就是全心全意为人民服务。那么我们党员说要为人民服务的时候，是真心的吗？这个"真"很重要。

《中庸》里有句话叫"不诚无物"，无论做什么事，只有真诚地，矢志不移地专注，心口如一才行，这个叫"心无旁骛"。所有世间法，乃至出世间法，所有的事业，无一不需要专注。有的人看书做事非常专注，这个状态叫"制心一处，无事不办"，或者叫专心致志。这个状态的效果，应该说一个小时顶四个小时甚至八个小时。有些人的心，不真不诚，非常散漫，做事的时候，得陇望蜀，患得患失，优柔寡断，这种状态就会一事无成，而且还会经常出错。所以六祖说，一切的福田，都在方寸里。也就是说你心里有什么，你的人生就是什么样子。所以像周恩来这样的人说"为中华之崛起而读书"，一听就是杰出人物的风范，因为他怀有为国为民的大志向。形容毛主席有八个字，"身无分文，心忧天下"，一听就是领袖的胸襟。大家有时间可以再看看中国历史上的人物，比如汉高祖刘邦。刘邦晚年的时候，说过自己为什么起来推翻秦朝，他说"天下苦秦久矣"，天下的老百姓被秦朝的苛捐杂税、残酷刑罚折磨得太久了，我一定要拯救天下的黎民苍生，所以刘邦成为汉朝的开国皇帝。看一个人的未来，就得看他的方寸，也就是他的心。他心里有什么，他的人生就是什么状态。所以我们的圣贤在很多场合都强调，人一定要立志！一个有大抱负的人，一定可以成就自己的人生。注意这个抱负不是夸夸其谈，而是内心真实的想法。我要给这个国家做什么，我要给人民做什么，你有这样的一颗心，你就有这样的一个人生，你就有这样的一个未来。如果一个人内心都是很猥琐的、蝇营狗苟的想法，没什么抱负，没什么追求，那这个人就是个庸庸碌碌的人，这一辈子也不会有什么大的成就，甚至即便是一个大好机会来到你面前的时候，一个无所事事、浑浑噩噩的人的小肩膀，也不可能扛起振兴中华重任。所以六祖说"从心而觅，感无不通"。注意，一定得从内心真诚地求。

如果我们懂了这个道理，一定要怀着真诚的心去做事。比如我是公务员，我就真的为官一任，造福一方。官的大小，那是因缘所致，除了我的努力之外，还需要很多条件，我不想那些。我哪怕是一个最普通的公务员，所有跟我打交道的老百姓，我都好好地对待，这个真心非常重要。比如一个普通的老师，如果内心真诚地想着，我这一生一定要将学生教育好，用孟子的话，"以己昭昭，使人昭昭"，就是以自己的觉悟，让别人觉悟。你内心真这么想，你的人生必会呈现不一样的光景。可是很多人很难做到这种真诚。说些冠冕堂皇的话来骗别人，骗自己，这个叫"自欺欺人"。这样的人很难有成就！有时候我们夸一个人活得很真，什么叫真？就是表里如一，内外如一，这种人了不起！

所以云谷禅师讲：**"求在我，不独得道德仁义，亦得功名富贵。内外双得，是求益于得也。"** 这句话的意思是，一个人真正发自内心地去求：我想给这个国家做事，我想给人民做事，或者我想为往圣继绝学、为万世开太平，等等，总之，你发的这个心很真，那么你得到的不仅是道德仁义，你不仅会成为一个道德高尚的人，而且也会有功名富贵，就是外在的那些地位尊严，甚至金钱都会有，这叫"内外双得"。这样的状态，就是道德高洁、智慧、境界广大，而且也会拥有外在的地位和尊严，广受社会称颂。但要注意一定是"真求"，一定是内心真诚的想法，若不反躬内省，而是徒向外驰求，比如一个人做了公务员，嫌级别低，天天算计着怎么往上爬，怎么巴结领导，如何投机钻营，这个求法就错了。实际上，一个人内在的境界和外在的地位是互相匹配的关系。当我们诚心诚意地为国家做事、为人民服务的时候，内在的境界一定有所升华，而在扎扎实实为人民服务的过程中，外在的东西也自然而然会建立起来。反之，如果一个人内在是一颗投机取巧的心，外在的成就也不会经得起检验。所以云谷禅师强调"一切福田，不离方寸"，通过内在的努力，最终"内外双得"。

孔子有一句话，"不患立，患所以立"，意思是一个人不要担心自己位置的高和低，而是应摸着良心问自己：我有这个资格吗，我有这个能力吗？很多年轻人，工作了三两年，就想着赚大钱、发大财，这是天真、糊涂！当我们的能力、智慧还不到那个程度的时候，不要打这个妄想。很多年轻人有太多太多的妄念，太多太多不切实际的妄求，而自己的能力，并不能支撑起自己的理想，这样的人如果认识不到这一点，一辈子都会过得很可怜、很可气，也会很可悲。所以说不反躬内省，而徒向外驰求，就是你费尽心机，用尽办法，结果只能是"得之有命"！因此，一个人命运的改变，是从内心的真诚开始，知行合一，落实下来，然后人生的境遇开始发生变化。

孔子还有一句话，"君子求诸己，小人求诸人"。君子会时时刻刻反省：我的德行够不够？我的智慧够不够？我的人格够不够？我的境界格局，方方面面够不够？你只有通过不断地内求，才能真正做到内圣外王。道德境界提高了，人格完善了，外在的功业、地位和尊严也能逐渐拥有，内外双得。如果只是外求，云谷禅师说了七个字，**"内外双失，故无益"**。如果一个人从来不反省自己，从来不看自己的德行和人格，从来不看自己是不是那块料，从来不看自己的弱点在哪里，不懂得三省吾身，而一门心思只想着升大官，发大财，"故无益"，没有一点好处。乱打妄想，一定是得不到的。

云谷禅师说的这番话，值得我们认真体会。人都希望有更好的发展，但更要检点自己的德行、人格、智慧，等等，是不是能够担当重任。内圣才能外王，厚德方可载物。德薄而位尊，力小而任重，智小而谋大，没有几个人不身陷囹圄。

5. 为何科举不顺

云谷禅师又问了凡：**"孔公算汝终身若何？"** 孔先生算出你这一辈子是怎么样的呢？**"余以实告"**，了凡就将孔先生预测的情况告诉了云谷禅师：哪一年考多少名，哪一年拿多少俸禄，什么时候死，等等。**"云谷曰：汝自揣，应得科第否？应生子否？"** 云谷说，你不要看孔先生给你预测的结果，诸如你这辈子当不了大官，你这辈子也没有子嗣等，先不要管这些。请你自己反省，你觉得自己是一个能在科举路上特别成功的人吗？你觉得你的这种修为和生活习惯，应该有子嗣吗？**"余追省良久"**，了凡就反思了很长时间，应该说这是痛定思痛，然后回答：

不应也。科第中人，类有福相。余福薄，又不能积功累行，以基厚福；兼不耐烦剧，不能容人；时或以才智盖人，直心直行，轻言妄谈。凡此皆薄福之相也，岂宜科第哉！

袁了凡说：我自己反省自己，觉得我在科举上不可能获得那么大的成果。科举中取得成就的人，都有福相。相由心生，一个人内心庄严，会表现在相上，一个人内心猥琐、浅薄，他的行为举止就会浅薄。**"科第中人，类有福相"**，福相说明心性、修为到了那个程度了，用今天的话说，就是特别具有公务人员的内在修为和外在气象。袁了凡说，我自己福很薄，又不懂得积累功行，不懂得好好努力去不断改变自己。通过前面的叙述，我们已经知道了凡自孔先生给他预测命运后，知道自己五十三岁八月十四丑时会死，书也不看，事情也不做，终日茫然，浑浑噩噩，面如死灰，实际上类似混吃等死的状态。所以了凡就说，他没有做到累积功行，以基厚福。而且待人不耐烦，不能容人。这一点我们也都要反省。当别人问我们问题的时候，耐烦不耐烦？当我们被打搅的时候，耐烦还是不耐烦？有的人很聪明，但别人向他请教问题时，很不耐烦。不耐烦、不舍得给别人分享自己的智慧、经验等，这是一个巨大的缺点。其次是不能容人，一点都不宽容，别人稍微冒犯自己，睚眦必报；看着别人优秀，不懂得见贤思齐，只顾羡慕嫉妒恨。一个人的福气和他的胸襟有很大的关系。一个人的心胸如果像大海一样宽广，看到别人的优秀，自己能够发自内心地欣赏认可接纳，别人冒犯了自己，也不太在意，那么他就具备了成就一番事业的一个重要条件。

　　了凡继续说，有的时候我自以为才智盖人，轻言妄谈。就是说有的时候，觉得自己有点小聪明，直心直行，做什么事，从来不顾及别人的感受，轻言妄谈，让别人不舒服了还不觉察。在现实中，很多人的福报都被轻言妄谈给破掉了。有些人本来还不错，就因为轻言妄谈，让人讨厌，以至于别人对自己很有看法了，自己都不知道，因此埋下祸根。人们常说独处时要守住心念，与人相处时说话要注意，这是非常有道理的。尤其是很多年轻人，冲劲十足，想干一番大事，与人沟通却不注意倾听，不注意观察对方的感受，不注意场合是否适合，急于表现自己，结果莫名其妙地给自己招来恶缘，这是特别需要提醒大家的地方。

　　也许有人会产生疑问：直心直行，不就是说一个人直率吗？这应该鼓励啊！总不能表面一套、背后一套吧？一个人直率确实是优点，但直率不代表不尊重别人，更不代表不体谅别人的感受！如果只图自己直抒胸臆，直来直去，让别人不舒服，甚至故意刺激别人、羞辱别人，这便是可恶的行为了。体谅别人、尊重别人，是一个人最基本的修养。自己聪明一些，一定要懂得照顾别人的自尊，在别人面前，不能显摆自己的聪明，更不能贬低别人抬高自己，要有这个自觉。了凡是一个勇于真诚反省的人，他承认自己有以上这样的毛病。大家在生活中可能觉察不到，其实"轻言妄谈"这个毛病起的坏作用很大。我们这一辈子多少福报，多少功德，多少好缘分，可能都被自己的轻言妄谈给损掉了。一句话，有些时候话说得不合适，可能曾经所有的努力，都会灰飞烟灭。为什么说"贵人语迟、水深流缓"？一个真正有修为的人，说话的时候，会考虑别人的感受，会掂量这个话在这个场合当说还是不当说，说到什么程度。做人谨慎一些好。说这话的意思，并不是要我们每一个人都唯唯诺诺、不敢担当，平时该说的话，仍然要仗义执言。可是有些时候，不该说的，掌握一下分寸，该说的话，把握好怎么说，这是做人的基本修养。

经过反省，了凡就得出结论了：**"凡此皆薄福之相也，岂宜科第哉！"** 他说，我这一总结，不要说人家孔先生算我这一辈子科举没有大成就，我自己也知道不可能有大成就，自己这样的德行，这么多缺点，不可能在官场里有很好的前程。宰相肚里能撑船，可是我没那么大的德行，也承载不动那么高位置的考验。

6. 没有子嗣的六个反思

在为何没有子嗣问题上，他也开始反省。他说：**"地之秽者多生物，水之清者常无鱼，余好洁，宜无子者一。"** 注意，在一些不是很干净的地方，比如地里有牛粪驴粪之类的，庄稼就长得好，这叫"地之秽者多生物"。"水之清者常无鱼"，如果水干净得连个草都不长，鱼也没法活；如果水里有很多杂质，营养物、水草很丰富，鱼才长得大。所以一个人干净得要命，别人坐过他的床，他都得赶紧扫一扫；别人到他家里去，客人走了都得拖地若干遍；看见一两岁的小孩儿拉屎撒尿了，都要捂着鼻子扭着脸，这就是没孩子的第一个原因。

一个人的洁癖和没有子嗣的关联是什么？大家想，如果一个人过分干净，如何愿意面对小孩子的拉屎撒尿？如何面对养育孩子的各种艰辛和付出？做过父母的人几乎都知道一两岁的小孩，随时会拉屎撒尿，甚至可能拉在自己身上，非常正常。为别人照看孩子，别人的孩子尿在自己身上，也很正常。可如果一个人干净得要命，又嫌臭又嫌脏，怎么会有要孩子的意愿？就跟孝敬老人一样，当我们的父母老了，七八十岁、八九十岁了，有的时候大小便不好控制，拉在裤子里，我们做儿女的，给老人家洗个裤子，这是很正常的。你要是嫌脏，就说明个人修为非常差，很难说真正孝敬父母。了凡就说自己太好干净，这是不应有子嗣的第一个原因。

然后了凡继续总结：**"和气能育万物，余善怒，宜无子者二。"** 他说自己善怒，就是爱发脾气。和气能育万物，一个人对什么都很包容，能够海纳百川，这是很高的修为。可是了凡善怒，这是不该有子嗣的第二个原因。"嗔是心头火，能烧功德林。"（寒山《诗三百三首》）有的人心大，胸怀像大海一样，一艘航空母舰放上去也可以自由驰航。有人心眼小，就像一盆水一样，别说航空母舰，一条小船都放不进去。当一个人的心量狭小，什么都容不下，这也看不惯，那也看不惯，不免易怒，容易身心疲惫。嗔心是一个人的大弱点，所以善怒也是不利于生育子嗣的一个原因。一个人没有宽容之心，经常发脾气，不要说大怒会伤害身体，夫妻关系也不会很好，这也是孕育子女的障碍。

然后了凡又说："**爱为生生之本，忍为不育之根。**"就是一个人要懂得仁爱，对他人、对社会要有爱心。如果别人需要帮助的时候，自己却不舍得花力气去帮忙，这也是"不育之根"。

讲到这里，我就想起了毛主席的母亲。我看过毛主席小时候的一个故事。有一次，主席放学回到家的时候，天降大雨，电闪雷鸣，他家的稻谷还晾在外面，他正要帮母亲去收，母亲却对他说：孩子，你赶紧去帮邻居家的阿婆收稻谷。毛主席听了母亲的话，就赶紧帮阿婆把稻谷收了，回来以后一看，自己家的稻谷没有收完，大雨把一部分没来得及收的稻谷淋湿了。毛主席的母亲是小脚妇女，劳动起来不是那么方便，收稻谷的速度不会太快。这个时候，他问母亲：我们家晒在外面的稻谷还来不及收，你为什么让我先去帮阿婆家收呢？母亲就说：孩子，咱们家比阿婆家过得好，阿婆家的稻谷如果被大雨冲走了，粮食就不够这一年吃的，可是咱们家稻谷哪怕少一些我们还有的吃。读到这个故事的时候，我心里特别感动。这个家庭，出这么一个领袖，不是偶然的，因为他的母亲太伟大。

袁了凡反思自己：我不舍得花力气去帮助别人，没有奉献精神，如何养儿育女？结合今天的现实，我们更能理解袁了凡的话。人口问题始终是一个民族的大事，国家放开三孩，实际上是希望生育率能够提高。可现实中很多人并不愿意生育二孩或者三孩。一个人如果更多地考虑个人的喜乐，一想到养育孩子有无数的事情和压力，干脆算了。没有仁爱和奉献之心，嫌弃养育孩子的各种麻烦和压力，如何养儿育女！

"余矜惜名节，常不能舍己救人，宜无子者三。"了凡说，我爱惜自己的名节，在该帮别人的时候，常常不愿意花这个力气。举一个例子，一个人在河边散步的时候，看到一个小孩掉进河里，马上奋不顾身地去救人家，这种就是大善。有的人，爱惜自己，总想着自己的衣服刚花了多少钱买的，在应该果断救人的时候，考量的是自己的小利益，不愿意奉献自己。了凡觉得自己有此类毛病，这就是"宜无子者三"。

"多言耗气，宜无子者四。"了解这句话的含义之前，我们要先了解一点中医。人身体的几大结构诸如心、肝、脾、肺、肾等，中医根据功能划分为火、木、土、金、水。心属于火，肝属于木，脾属于土，肺属于金，肾属于水。金、木、水、火、土之间有着密切的相生相克的关系。其中，肺金生肾水，也就是说一个人肺气（肺的能量）充足，肾就会充满活力；反之，当一个人肺气不足的时候，也会影响肾的功能。袁了凡说的"多言耗气"，实际上是说话说得太多会伤害到肺这个器官，当肺气不足的时候，也会影响肾气。而肾对于生育能力有很大影响，肾是藏精的，男人精子质量、女人卵子的质量等都和肾的活力有很大关系。一个人说话多了耗气，容易身心疲累，所以不要当话痨。但有些必要的话要说，有些人干的就是说话的行业，比如广播员必须播音，老师也必须讲课，那是没办法。可是如果一个人闲得没事，整天当话婆婆，很多废话，对身体不好，也容易讨人嫌。

"**喜饮铄精，宜无子者五。**"喜欢喝酒，把很多精气都耗掉了，这是没有孩子的第五个原因。喝一点酒，不酗酒，自然无伤大雅。但如果常喝得酩酊大醉，甚至丧失理智，对身体伤害严重。醉酒以后，一个人的汗毛孔都是打开的，天气寒冷也不自知，精气都散掉了，身体会越来越差。

"**好彻夜长坐，不知葆元毓神，宜无子者六。**"了凡在第六条讲他喜好彻夜长坐。从中医养生的角度来说，饮食起居等生活习惯对一个人的健康格外重要。大家看下面的图片：

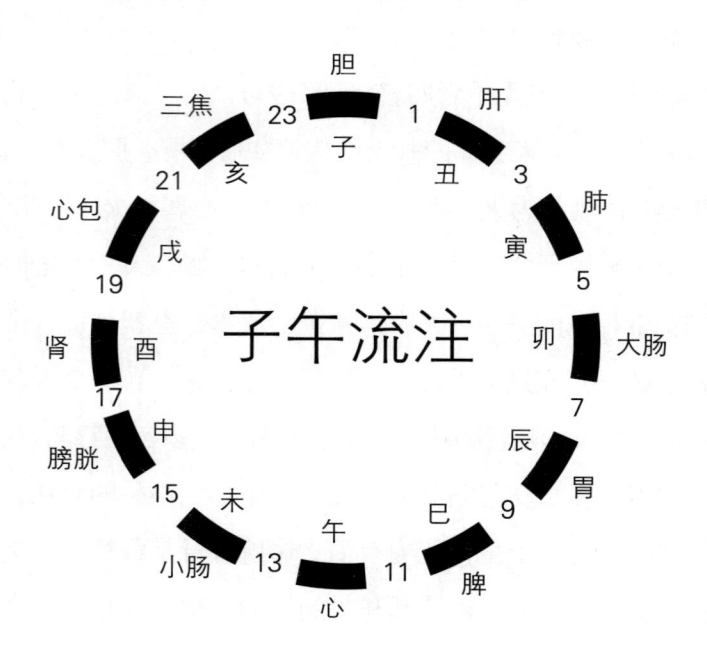

子午流注

- 胆 子 23
- 肝 丑 1
- 肺 寅 3
- 大肠 卯 5
- 胃 辰 7
- 脾 巳 9
- 心 午 11
- 小肠 未 13
- 膀胱 申 15
- 肾 酉 17
- 心包 戌 19
- 三焦 亥 21

子午表示的是一天的时间，共二十四小时，十二个时辰。流注表示的是一个人一天能量的运转情况。在中医看来，身体的五脏六腑都有各自能量运行的区间。

比如，晚上为什么尽可能在十一点前休息？从上面的图中，我们可以看到从晚上十一点到凌晨三点，是胆和肝需要休息的时候，这个时候一个人如果休息了，血液回到肝脏，对健康很有帮助。大家知道，当一个人转氨酶高的时候，医生会特别叮嘱病人多休息、早休息，这就是原因所在。早上五点至七点，是一个人大肠活动的时候，也是人们最容易大便的时间。大家去机场或者其他公共场所，会发现早上卫生间排队的人特别多，因为大肠蠕动，除旧纳新，这是正常的生理现象。

子时以后，肝胆等内脏需要休息了，你该睡的时候不睡，时间久了，你的肝胆心脾肾等内脏的功能就会减弱，这就叫不懂得"葆元毓神"。该休息的时候不休息，很多精气都散掉了。这里我特别强调一下，在这个互联网的时代，很多人晚上看手机、上网，实际上耗费了太多的心神，对身心都是很大的伤害。某种程度上，这是没办法的事，但也必须引起我们的注意。

我在大学里给学生上课，早上八点钟开课的时候，很多学生起不了床。本来十八九岁的年纪，应该是精力特别旺盛的，一到早上六点多，眼睛都合不上，非起床不可。可是现在十八九岁的小孩，早晨八九点钟还起不了床，因为他们晚上没有好好休息，不知道"葆元毓神"，不懂得保惜自己的元气。所以通过了凡的话，我特别建议大家，除了工作需要不得已熬夜，尽可能不要熬夜。耗费自己的元神，就是耗费自己的精气，身体会出现早衰。

了凡说"**其余过恶尚多，不能悉数**"。意思是其他的缺点还多的是，我就列举这六条。实际上通过这六条，了凡就知道了，不用人家孔先生预测自己的命运，单看自己的修为和生活习惯，都没办法孕育子女。

7. 财富、子孙背后的秘密

云谷禅师还说：

岂惟科第哉！世间享千金之产者，定是千金人物；享百金之产者，定是百金人物；应饿死者，定是饿死人物。天不过因材而笃，几曾加纤毫意思。

云谷说，不光是考科举，世间有千金的人，用今天的话，叫有万贯家财的，他一定是配得起这个财的。就是说这个人，如果能赚一千万，因为他的德行和人格，配有这一千万；如果他能赚一百万，说明这个人配有一百万；而有的人饿死了，说明他连一口饭的福报都没有给自己积累，所以就难免饿死的结局。"**天不过因材而笃，几曾加纤毫意思。**"这句话的意思是，老天不是故意惩罚谁、奖赏谁，天道无私，老天是很公正的。你有一千万的福报，你就能赚一千万；你有一百万的福报，你就能赚一百万；你自己的德行修为不够，还整天游手好闲，遇到饥荒，就会被饿死，那是你自己不培福，不是老天惩罚你。所以一个人不要以为有个什么造物主来惩罚自己、奖赏自己，一切都根源于自己的作为。一句话，还是"命由我作，福自己求"。

云谷禅师又说：

即如生子，有百世之德者，定有百世子孙保之；有十世之德者，定有十世子孙保之；有三世二世之德者，定有三世二世子孙保之；其斩焉无后者，德至薄也。

云谷禅师说：比如生孩子，如果一个人，积了一百辈的德，那么他会有一百世的后代。因为他积了那么大的德，他就有一百代的后人来享受他德行带来的福报。举个例子，孔子被誉为至圣先师，孔子讲的"见贤思齐""朝闻道，夕死可矣""君子喻于义，小人喻于利"等，让中国人世世代代受用无穷。老人家在春秋战国乱世之中，立人伦、振纲常，在风雨飘摇中周游列国十四年，为我们这个民族做了太大的贡献。用云谷禅师的观点，别说百世之德，就是千世、万世之德，孔子也当得起。所以孔子的后代，人丁兴旺，传到现在已八十多代，而且还受到整个社会的尊重。然后云谷禅师又说，有的人有三世二世之德，就有三世二世的子孙来保着他。

关于一个人没有孩子的原因，云谷禅师为了说明情况，仅做了特殊化的解释，而我们要辩证地理解。有的人没有孩子，可能和他的德行有关，诸如生活不检点等。可有的则完全不同。比如有的人立了大德，有了大智慧，他出家了，这种人没有后代，并非德行薄，只能说这是一个人自己选择的人生道路，他走了出世间那条路。再比如很多历史上的英雄豪杰，为了国家人民抛头颅、洒热血，也可能没有子嗣，但这是舍生报国，是值得我们所有人致敬的伟大！比如我们的周恩来总理，为了国家，做出那么大贡献，为了中国人民站起来，在革命战争年代，错失了自己养育后代的机会，这种人彪炳史册，永远值得我们尊重。所以大家要分清楚，云谷禅师的说法，是一种方便说。

8. 了凡的第二次生命

我们有两次生命。一次是父母生养我们，给了我们肉身的生命，他们含辛茹苦，抚育我们，我们要永远感恩。再一次就是智慧的开启，让我们真正明白了生命的价值和意义，知道应该怎么去活，觉悟了生命的真谛。这一次可以称为人生慧命的获得。对于开启我们人生慧命的恩师，我们一样要永远感恩。

袁了凡遇到云谷禅师，实际上是遇到了开启他内在觉悟和人生慧命的那个人。

云谷禅师接着跟了凡说**"汝今既知非"**，你现在知道问题出在什么地方了，道理你也懂了，你应**"将向来不发科第，及不生子之相，尽情改刷"**。请在内心好好反省，你在科举上为什么没有大成就，你为什么没有孩子，好好地反思自己，然后改正自己。

"务要积德，务要包荒，务要和爱，务要惜精神。"什么意思呢？就是一定要积德。利益大众，服务社会，这叫积德。务要包荒，就是一定要宽容，千万不要睚眦必报，别人得罪自己了，或者说了两句冒犯的话，不要老放在心上。任何人的一生，都会遇到有意或无意的冒犯，我们一定要海纳百川，心胸像大海一样宽广，不要那么多计较。务要和爱，就是待人一定要谦卑，要尊重别人，待人客客气气。务要爱惜精神，就是不要瞎折腾，一定不要贪酒、不要彻夜长坐、不要整天闲话连篇等等，要爱惜自己的精神，保护自己的元气。云谷禅师说，你只要这么做，你的命运一定会改变。

云谷禅师用了一句话，**"从前种种，譬如昨日死；从后种种，譬如今日生，此义理再生之身也"**。这句话的意思是，你今天懂得了人生道理，那么我们把从前稀里糊涂过日子的状态给了结了。知道命由我作，福自己求，知道人的命运在自己手里，怎么从内心深处真诚地改变自己。懂得这个道理了，叫"从后种种，譬如今日生"，这个"生"生的是什么？生的是义理之身！懂得了人生的真相，懂得了人生的道理以后，你的新生命就开始了，而这个生命就是"义理之身"。

云谷禅师又说：**"夫血肉之身，尚然有数；义理之身，岂不能格天！"** 肉身，就是吃喝拉撒的这个肉体，它实际上是有数的，有它的规律。而我们的义理之身，代表的是对生命的超越和改造。我们懂得这些大道理，有了大智慧，就一定能够"格天"，就是感动上天。说白了就是你懂得了大道理以后，不是要嘴皮子，而是知行合一，真正照着去做，你一定会感动上天，你的命运就一定会发生变化。

9. 天作孽，犹可违，自作孽，不可活

云谷接着说，"《太甲》曰：天作孽，犹可违，自作孽，不可活"。《太甲》是《尚书》里的一篇文章。"天作孽，犹可违，自作孽，不可活"，什么意思呢？比如说发大水，大家知道要淹很多人，可是"天作孽，犹可违"，天降暴风雨，我们可以修建水利工程等措施防备；上天下大雪，会冻死很多生命，我们可以通过盖房子、生炉子等方式，把严寒的冬天安然度过；有地震灾害，我们可以建结实的房子，让灾难的损失降到最小。很多自然灾害，我们能够想办法度过，称之为"天作孽，犹可违"。

"自作孽，不可活"，一个人如果没事找事，自己找死，那就没得救。在现实中，有些人明明知道某个地方非常危险，却非去不可，非要做非常危险的事不可，不顾劝告，这就是"自作孽"。我曾经问过一个水库的管理员，为何不让大众靠近水库。这个管理员告诉我：每年都特别劝告，明示不要在水库游泳，可就是有人不听，甚至偷偷翻过栏杆非要下水，导致几乎每年夏天都有人淹死。切记要珍爱生命，不要"自作孽"，要让有用之身做最有意义的事。

《诗》云："永言配命，自求多福。" 云谷禅师说《诗经》里面讲，一个人永远要懂得命运背后的道理，知道人生背后的逻辑因果，自己按照命运的逻辑因果去做。《诗经》教育我们，一个人懂得这个道理以后，要积善积德，服务社会，利益大众。在这个过程中，你的福报会越来越大，这叫"永言配命，自求多福"。

下面云谷禅师又说：

孔先生算汝不登科第，不生子者，此天作之孽，犹可得而违。汝今扩充德行，力行善事，多积阴德，此自己所作之福也，安得而不受享乎？

云谷禅师说：孔先生算你不应该在科举上取得大的成就，也没有子嗣，实际上这是天作之孽，都过去了，犹可得而违。就好比说，你曾经种下的因、结出的果，我们就得坦然地面对这个现实。可是你接下来要怎么办呢？你应"扩充德行"，从今天开始，好好地提升自己的道德人格，不断地去增益自己的智慧、提高自己的境界，认认真真发自真心地去给社会做事，去给人民做事。"力行善事，多积阴德"，善事，就是真正利益大众的事。什么叫阴德？比如说一个人特别愿意帮助别人，政府给了他一个奖状，给了他奖金，号召全社会去学习他，老百姓都知道他是个大善人，这叫阳德；而比如有一个下水井盖被掀开了，你晚上十二点多经过的时候，看到这个情况，知道如果不盖上的话很危险——万一哪个人不小心栽进去怎么办？万一汽车开过来，出了车祸怎么办？你赶紧把井盖盖上就走了。你这个善举帮了很多人，或者说救了很多人，人们经过的时候安全了，可是大家并不知道是你做的，这种善行就叫阴德。

帮助别人，服务社会，一个人做的好事别人都不知道，那叫阴德。积了阴德，按照中国文化的说法，你就会有好报，宇宙能量守恒。比如说你做的是阳德，前面说了，政府给你奖状，给你奖金，人们尊重你，你已经有了好报了。可是有些你做的好事，大家都不知道，就属于阴德。有的时候老百姓常埋怨：你看看，当好人也没有得好报！其实不是这样的。如果真是一个好人，默默无闻做了很多利益国家、利益他人的事，那是阴德，别人是不知道，但只要你做了好事，你一定有好报，上天会来奖励你。**"此自己所作之福也，安得不受享乎？"** 云谷禅师告诉了凡：我把道理给你讲清楚了，你好好去改命积德，服务社会，利益大众，爱惜自己的精神，做人宽容，待人诚恳，与人为善……你这么去做，你的命运一定会发生变化。

10.《易经》的秘密

下面云谷禅师还说：

《易》为君子谋，趋吉避凶；若言天命有常，吉何可趋，凶何可避？开章第一义，便说"积善之家，必有余庆"。汝信得及否？

云谷禅师用《易经》的话告诉了凡，《易经》实际上是为君子谋，是在给那些正人君子做人生的指导。让大家趋吉避凶，告诉大家怎样能生活得越来越好，越来越吉祥，规避人生的很多凶险。如果说一个人的命是被规定好了的，那还有办法趋吉避凶吗？如果人这一辈子命都定了，那怎么努力都没用，《易经》这本书就没必要讲什么趋吉避凶的道理了，因为人们只能接受命运的摆布。云谷禅师告诉了凡，通过《易经》我们便知道，人的命运是可以改变的，人的命运是可以越来越好的。可是，究竟怎样做才能让自己的人生越来越好呢？

《易传》的第一章就说，"积善之家，必有余庆"。积善积德的人，经常做好事的人，经常帮助别人的人，他家里必有"余庆"。什么是余庆？就是他不仅这一辈子过得好，他的子孙还沾光。注意，爸爸妈妈做得好，爷爷奶奶做得好，不仅他们受到社会的尊重，自己的儿孙都跟着沾光，这就叫"积善之家，必有余庆"。其实还有一句话，叫"积不善之家，必有余殃"，那些作恶多端的人，那些丧尽天良的人，《易经》称之为"积不善之家"。那种经常坑害别人的人，经常为非作歹的人，或者贪赃枉法、草菅人命的人，不仅自己倒霉，还可能家破人亡，祸及子孙，这就叫"积不善之家，必有余殃"。《易经》中展示的人生命运和《了凡四训》中的立命学说，根本上是一致的。

对于《易经》，很多人专注于如何预测、如何排卦等等术数的东西，可是，如果真是一头扎入《易经》的细节，可以说其中有无穷的内涵。但如果要提纲挈领，那就是"积善之家，必有余庆"，千说万说，千算万算，我们无非是希望生活、发展越来越好，其中的秘密就是放大心量，真正热爱自己的国家和人民，真正能够通过自己的努力为国家和人民做好事、做实事。正是在这个过程中，种下善因，得到善果，人生也会越来越好！

11. 了凡的过人之处

了凡听说了以上道理以后，**"余信其言，拜而受教"**。了凡先生有一个巨大的优点，就是懂得感恩，不但能够真听得进意见，而且能够真正信奉受行。他告诉禅师，我真信，我觉得您讲得真好，然后磕大头拜谢。人这一辈子，听到一个有益于人生的道理的时候，应该向人家表示真诚的感谢。前些年，曾经流行一句话：听了很多的道理，却过不好这一生。为什么会有这种现象？很多人只不过是嘴巴上说说而已，而命运的改变需要真正去行动。了凡就是不仅能听懂，而且是认同了就能真正践行的一个人。

于是他**"因将往日之罪，佛前尽情发露。为疏一通，先求登科，誓行善事三千条，以报天地祖宗之德"**。明白这个道理之后，他就把在此之前做得不好的很多事，自己的不足、弱点等，在佛菩萨（圣贤）面前，在列祖列宗面前，统统忏悔。非常真诚地承认自己哪里做得不对，敢于直面自己。这就是君子的风范，不藏着掖着，不阳奉阴违。他还发誓做三千件好事，真正做对大家好、对社会好的好事，以表示对曾经过错的真诚忏悔。

于是云谷禅师就教给他一个更方便的改过方法。**"云谷出功过格示余，令所行之事，逐日登记，善则记数，恶则退除，且教持准提咒，以期必验。"**云谷禅师见了凡如此真诚，懂了道理以后马上去做，主动忏悔，于是就拿出功过格，并告诉了凡：你做了一件好事，就记上个点，可是如果你又做了一个恶事，那就把这个点给去掉。如果做了四件好事，又做了一件坏事，那么把记上的这四个点擦掉一个，相当于做了三件好事。通过这种方式，最后你记录满三千件好事的时候，算是兑现了初步的承诺。同时禅师还教他持准提咒。准提是一个大菩萨，准提咒就是这位大菩萨的咒。

关于咒语，我的能力很有限，一般也难以解释清楚，但是我可以尝试跟大家打一个比方。大家知道物理学有个共振原理，比如军队过桥，那个桥的频率是特定的，军队踢正步的时候其频率如果跟桥的频率相同，就会产生共振，这个桥就容易崩塌。所以军队过桥的时候一般规定必须走散步，必须把整齐的脚步打散，绝对不能和桥形成共振，避免桥塌。《道德经》里有这样的话："天道无亲，常与善人。"此话怎讲？上天有好生之德，有大慈悲、大仁爱之心，圣贤也是一样，那么上天和历代圣贤愿意帮助什么人？愿意帮助那种乐善好施的人，愿意帮助那些真心为国为民的人。因为当一个人想做好事，想为社会服务，给人民做事，这个人的心灵频率和上天、圣贤的频率会共振。这两个频率合在一起，你就会得到人们平时所说的加持和帮助。很多人一片善心和赤诚，做事的时候莫名其妙变得很顺。为什么？因为"自助者天助"也！所以了凡下决心改过并诵持准提咒，就和这个准提大菩萨的力量相应，就会得到大菩萨的加持和帮助。

这个时候云谷禅师又说，**"符箓家有云：'不会书符，被鬼神笑'"**。一个人不会画符，鬼神都笑话你。有人问：为什么有的人画个符就管用，有的人画的就不管用？这里面有秘密。云谷禅师解释说，**"此有秘传，只是不动念也"**。要想一个符管用，关键是一定要不动念。禅师解释说，**"执笔书符，先把万缘放下，一尘不起。从此念头不动处，下一点，谓之混沌开基。由此而一笔挥成，更无思虑，此符便灵。凡祈天立命，都要从无思无虑处感格"**。那么什么样的符咒才准呢？云谷说你在画符的时候，把万缘放下，把内心的杂念清除干净——心里边那些江湖、男女、是非、恩怨等一概别想，留下一颗空灵之心，空荡荡的清净之心。这个时候，一尘不起，什么念头都没有，世界一片空灵。从这个念头不动的地方，下一点，这一点叫"混沌开基"，由此一笔画成，而且画的过程中，内心保持一个寂静的状态，更无思虑，此符一定会灵。

云谷禅师说，"凡祈天立命，都要从无思无虑处感格"。结合中国文化的语境，我想给大家解释禅师的话。当一个人画符的时候，为什么要从无思无虑处"混沌开基"？为什么内心一片空灵，这个符就会灵？究竟道理何在？打个比方，大家学过物理学，物理上会讲有关电阻和电流强弱之间的关系。我们架一根电线，如果这根电线的电阻特别大，大家知道即便电压再强，电线的电流也会很弱，因为它的电阻太大了。要想电线里边的电流特别敏感特别强大，怎么办？一定要把电阻变小。当电线的电阻很小的时候，电流的强度会很大。

那么一个人能不能得到加持和帮助？常言道"自助者天助"。天怎么助你？当你的心比较干净的时候，也是最容易和天地的能量沟通的时候。反之，内心非常杂乱，各种名利是非，各种江湖恩怨，各种得失算计，好比是电阻非常大，那么内心传导能量的强度非常弱。由此，我们就懂得人们平时所说的话，"心诚则灵"。这句话就明确地告诉我们，只有一颗至诚之心，清净之心，才能更好地传达自己的心愿，才能更好地实现信息沟通，得到大家常说的"加持"或者帮助。所以云谷禅师说，"凡祈天立命，都要从无思无虑处感格"。

在现实中，像毛主席、周总理这样的伟人、英雄，历史上像孔子、孟子、王阳明这样的圣贤，他们为国为民的心，为文脉道统传承的心，可谓至善至纯！大家读历史，很多为国为民的英雄人物，很多大德高人，平生都有不少奇迹。他们的一些故事，有些甚至类似于神话，对此很多人会不以为然。当然，有些人把它们当作偶然性或者巧合来理解。每个人都有自己认知世界的方式，这是很正常的事。但是他们为什么能得到很多特别的帮助，会有那么多看起来是奇迹的事发生在他们身上呢？因为他们有至诚之心，能够万缘放下，一心一意做一件事。在制心一处的状态下，他们的力量会非常大。所以云谷禅师告诉了凡，你画符的时候，须特别真诚，内心一片空灵，什么杂念都没有，万缘放下，一笔下去这个符就灵。

  我自己的一点体会，就是我们这一辈子如果想成就一点事情，不白白活过，为国家、为人民做一点真正经得起检验的事，都应是诚心诚意地做，认认真真地做，心无旁骛地做，制心一处地做。一个人如果内心散漫，杂念纷繁，得陇望蜀，优柔寡断，患得患失，干着这，想着那，必然一事无成！

  所以说《了凡四训》这本书真是了不起，讲出了很多大家司空见惯但并不一定很清楚的人生道理，对我们每一个人的工作、生活都有很直接的帮助，值得下大功夫阅读，是一本值得人人阅读的好书！

12. 立命之学

  云谷禅师又说：

  孟子论立命之学，而曰："夭寿不贰。"夫夭寿，至贰者也。当其不动念时，孰为夭，孰为寿？细分之，丰歉不贰，然后可立贫富之命；穷通不贰，然后可立贵贱之命；夭寿不贰，然后可立生死之命。

  云谷禅师说，孟子在谈到人的命运的时候，说**"夭寿不贰"**，就是长寿和短命是一个东西。为了更好地理解云谷禅师的话，我们看一下孟子的原文。在《尽心》篇中，孟子说："尽其心者，知其性也，知其性，则知天矣。存其心，养其性，所以事天也。夭寿不贰，修身以俟之，所以立命也。"翻译过来，意思是一个人通过内心的不断净化和自我观照，就可以体悟上天赋予我们每一个人的天性，通过对人天性的证悟，我们就可以通达宇宙的大道。一个人，只有以至诚之心自我觉照，护养道心，才能够真正顺应天道。有了这样的觉悟和智慧，长寿短命等均不是自己所在意的事情。此生无论遇到任何处境，都坚守道心，常养人生慧命，坦然面对一切，这才是真正的立命。

通过这一段话，我们就知道孟子的立命，并不是指一般人所谓寿命的长短，而是一个人真正透悟了生命的意义和价值，真正活出了生命该有的样子。比如雷锋，在世俗来看不过是一个普通的战士，没有显赫的身份，而且只在世间活了22岁，但是他懂得人的生命是有限的，为人民服务是无限的，要把有限的生命融入无限的为人民服务中去。他是这样想、这样说，更是这样做的。所以，尽管他只有22年的生命历程，却永远定格成中华民族精神谱系的组成部分，完成了生命的永恒。反之，很多人也许寿命很长，但无法和雷锋生命的价值相比，原因何在？雷锋真正把大写的人生立了起来！

云谷禅师借用孟子的话告诉了凡，一个人真正明白了大写的人生应该怎么样去活，那么肉体生命的长短都不是那么重要，关键是要把一个人真正的初心、使命承担起来，这就是孟子说的"夭寿不贰"。

"**细分之，丰歉不贰。**"可以此类推，仔细分析：什么是丰收？什么是歉收？只要我们该努力的时候努力，好好劳动，不荒废时光，无论是丰收还是不丰收，内心都是宁静祥和的。无非是丰收就过得好一些，年景不好，收成不理想，那就节省度日而已。这样，无论收成理想还是不理想，都能喜悦自在，**"然后可以立贫富之命"**。如果只希望物质富裕，结果因为气候等外在原因，怎么努力都不能丰收，岂不是痛苦万分？这样就无法**"立贫富之命"**。

至于**"穷通不贰"**，当一个人真正明白了"但行好事，莫问前程"的道理，懂得一个人的成功与否，取决于很多因素，懂得一个人最重要的不是名利地位等外在的东西，而是真正成就自己的慧命和使命，这就能够做到无论是顺境还是逆境，无论是贫穷还是通达，都能够坦然自若，笃定初心。这个时候才**"可立贵贱之命"**。

在解释清楚"夭寿不贰"的道理之后，云谷禅师又说：**"人生世间，惟死生为重，曰夭寿，则一切顺逆皆该之矣。"** 意思是在人的一生之中，最重大的事就是生死之事。如果一个人真正明白了人生的意义，知道应该怎么去活，那么生死关头，确实可以做到杀身成仁，舍生取义，特定情况下，只有用生命成就人生的理想和价值。比如岳飞、文天祥、谭嗣同、夏明翰等等，这些英雄人物真正知道自己为了什么去活，把生死都超越了，顺境、逆境、误解、委屈等等，微不足道。

在现实中，我们太多的人，只在意自己的得失、成败、地位、权力、财富等。位高权重时得意扬扬，一旦失意便心灰意冷，这种人自然无法改变命运，更谈不上立命。

云谷禅师接着说：

> 至修身以俟之，乃积德祈天之事。曰修，则身有过恶，皆当治而去之。曰俟，则一毫觊觎，一毫将迎，皆当斩绝之矣。到此地位，直造先天之境，即此便是实学。

这段话的意思是什么呢？孟子有一句话叫"修身以俟之"，说一个人把自己修好了，也就是提高你自己的智慧德行、修为境界，这样的话，面对一切都可坦然自若，化腐朽为神奇。换成今天流行的话：我只管精彩，老天自有安排。进一步讲，就是通过内求，把自己修好了，包括德行、智慧、境界等等，你外在的命运也一定会慢慢发生变化。云谷禅师讲，如果真懂了道理，就要真正落实下去。自身以前所犯的各种过失和罪恶，你都要痛下决心，就像治病一样，完全把它去掉。内心的妄想，各种侥幸、算计、阴谋等恶念，都应该完全斩除。对自己的缺点，自己人性的弱点，你要很真诚地反思、反省，而且真正去改正。什么叫俟命呢？就是你把自己真改好了，修身的功夫做到了，不求而求，你的命运自然而然就会发生变化。

云谷禅师说的这些，相当于佛家的那四句偈：诸恶莫作，众善奉行，自净其意，是诸佛教。如果到了这个程度，就是在自己心田里彻底地做了一番打扫，内心得到了净化，这是一个值得肯定的状态。可是还要更进一步，那就是对自己的起心动念有完全的把握。虽然处在万丈红尘之中，却能百花丛中过，片叶不沾身，对整个世界清清楚楚，灵灵觉觉，了了分明，可是内心不着相，不随着外界走，不对外在的世界产生黏附。这个境界，就是圣人不动心的境界。关于不动心，一般人都会存在各种疑问和误解：不动心是不是不起心动念？如果不动心，人和草木瓦石有何区别？诸如此类，都是对不动心的误解。在《六祖坛经》的《般若品》中，惠能大师对何谓不动心，有非常清楚的说明："何名无念？若见一切法，心不染着，是为无念。用，即遍一切处，亦不着一切处。但净本心，使六识出六门，于六尘中无染无杂，来去自由，通用无滞，即是般若三昧，自在解脱，名无念行。若百物不思，当令念绝，即是法缚，即名边见。"

惠能告诉我们：任何一个人，他的心面对外物的时候，自然会起心动念，这是人心的一个自然功能。但一个人面对外物不产生黏附和执着，这是最关键的地方。比如：一个小伙子，大街上看到一个漂亮姑娘，如果内心被这个姑娘强烈吸引，特别想去搭讪，当姑娘远去了，还念兹在兹，甚至几天都是魂不守舍，夜不能寐，辗转反侧，这就是对姑娘产生黏附的状态。如果小伙子知道这是一个好姑娘，但没有动心，心里面坦坦荡荡，清清净净，并没有被这个姑娘吸引，心里没有产生挂碍，这就类似于惠能大师说的"来去自由""通用无滞"。因此，人不是草木石头，怎么可能不起心动念？而且惠能大师告诉我们，如果强压住一个人的念头，背弃心的自然功能，这是"法缚"和"边见"，实际上就是因望文生义而产生的错误见解。

云谷禅师说一个人一旦到了这个境界，身心自在，这是世间最真实受用的学问。

中国文化有很多地方谈到一个人如何修养自己，如果大家能够理解上面的话，对自己的心性和慧命有实质的帮助。任何一个人，如果真正做到惠能大师所言的"但净本心，使六识出六门，于六尘中无染无杂，来去自由，通用无滞，即是般若三昧，自在解脱，名无念行"，实际上也就是云谷禅师所说的"直造先天之境"，能够直接观照自己的心念，自己把握自己。一个人如果真修到这里，在万花世界里边了了分明，而且又不被万物所黏附，心念不随万物走，这是了不得的状态！这实际上就类似于圣人的境界。

这个时候，云谷禅师继续说：

汝未能无心，但能持准提咒，无记无数，不令间断，持得纯熟，于持中不持，于不持中持，到得念头不动，则灵验矣。

云谷禅师告诉了凡，你现在还做不到上面的状态，内心难免各种念头，不可能自己完全把握住自己。在这种情况下，如何帮助你呢？你就好好持诵准提咒，持到什么程度呢？**"不令间断，持得纯熟"**。一个人经常背诵一个东西，背到什么程度呢？你说他没在背这个咒，其实他内心一直在背着这个咒，你说他背吧，他又不刻意，就像水流一样，自然而然经常在心田里边流动，叫作**"于持中不持，于不持中持，到得念头不动"**。注意，持到什么妄念没有，心念都在这个咒上的时候，就非常灵验了，你的命运一定会发生变化。

云谷禅师的话，对于我们理解净土宗的念佛有很大启发。有些人念佛，内心真正想的是名名利利、是是非非，尽管念"阿弥陀佛"的声音是发出来了，但他的心都在各种算计的妄念上！一个人的念头，如果按禅师的说法，持中不持，不持中持，阿弥陀佛这四个字口说心想，意识心念中都是阿弥陀佛，一心不乱，哪怕嘴巴不动，心里边没有其他什么念头，到了那个时候，心和阿弥陀佛打成一片，注意，那就是自性弥陀，唯心净土。心和佛陀完全在一起，那个境界就不得了。

对于世间造福人民的事业，也是如此。全心全意为人民服务，没有私心杂念，才能不忘初心。如果三心二意，各种私心杂念，最终一事无成，而且必然背离宗旨，免不了走向堕落。

13. "了凡"与"成圣"

云谷禅师讲那么多，了凡深受触动，他说**"余初号学海，是日改号了凡"**，我原来的号叫学海，可是从今天开始，我懂得了人生的真道理，我将号改成"了凡"。结束凡夫的浑浑噩噩，发誓要向圣人学，这个就叫了凡。更进一步，"了凡"之后就是"成圣"，由此可见了凡的大愿雄心。

盖悟立命之说，而不欲落凡夫窠臼也。从此而后，终日兢兢，便觉与前不同。前日只是悠悠放任，到此自有战兢惕厉景象，在暗室屋漏中，常恐得罪天地鬼神；遇人憎我毁我，自能恬然容受。

从此以后，我每天就像《易经》里边讲的，"君子终日乾乾，夕惕若厉"，就是每天都认认真真，兢兢业业，而且经常反省自己。因为心里边点了一盏灯，一盏觉醒的灯照亮了自己。他觉得此后自己和以前都不一样了。以前就是悠悠放任，就是混日子，甚至是混吃等死，可是听了云谷禅师这一番教导，他的行为和心地都改了。从此以后，不要说和大家在一起，即便是自己独处的时候，也不敢放任自己。他觉得在天地之间，仿佛有一双眼睛在盯着自己。遇到有人批评他，有人攻击他，甚至有人辱骂他，他原来会气得跟别人争论，甚至跟别人对骂；可是懂得这番道理以后，心胸逐渐变得宽广，别人批评他，指责他，心里边都能"恬然容受"，就是都能很坦然地接纳。一句话，了凡听了云谷禅师的一番教导之后，名号也改了，由学海改成了凡；而且行为和心地都改了，用王阳明的话，就是知行合一，用今天的话就是理论认知和实践行动保持了一致。

到了云谷禅师提点之后的第二年，了凡参加礼部的科举考试，**"孔先生算该第三，忽考第一"**，孔先生算着了凡的成绩是第三，结果却考了第一。注意，这对了凡而言是天大的事！从35岁拜见云谷禅师以后，了凡的命开始改了，命运的轨迹已经不是孔先生算定的结果。**"其言不验，而秋闱中式矣。"** 孔先生的话不再应验了，第二年秋天举行的乡试，了凡考中举人，开始具备被选成为官员的资格，也可以进一步参加会试和殿试。

从云谷禅师那里听了一番道理，了凡真诚地忏悔，并按照云谷禅师的教导去做。到了第二年，孔先生算的卦就不准了。所以中国文化真的不让大家迷信，不是告诉大家有一个超越的神秘力量决定人的命运，不是一个外部的力量把人的一切东西都限定了，而是"命由我作，福自己求"。每一个人命运的主人就是自己，自己如何起心动念，有什么样的价值观，做什么样的事，必然有什么样的结果。《了凡四训》这本书，可以说是一本让人觉悟的书，让大家真正做自己的主人、真正把握自己的命运的书，主张通过自己的努力为自己更好的发展创造条件。当一个人觉悟了人生命运的逻辑，知道怎么去做，真正知行合一，他的命运将越来越顺利，越来越吉祥，发展的道路越来越宽广。这就是这本书的伟大之处！

了凡这个人的优点之一就是精益求精，对事绝不马虎放过。他继续反省：

然行义未纯，检身多误。或见善而行之不勇，或救人而心常自疑，或身勉为善而口有过言，或醒时操持而醉后放逸，以过折功，日常虚度。自己巳岁发愿，直至己卯岁，历十余年，而三千善行始完。

了凡说，我虽然照着云谷禅师的教导去做，但实际上我遇到应该做的事，还是不能一心一意地去做，觉得自己还是有点勉强。通过内心检讨，他觉得自己过失很多：比如有些该做的事，做得不够勇敢；遇到有人需要救助的时候，自己总是那么迟疑，不够迅速；有时虽然做了善事，但是说话的时候尖酸刻薄；自己清醒的时候还可以管得住自己，可是一旦喝醉了，又做了很多放逸的事，放纵了自己。所以他总结，虽然做了些功德，但是如果拿过错来抵扣，所剩下的并不是很多。而且很多行为有失检点，并不严谨，他觉得虚度了太多光阴。我们从中看出袁了凡有个巨大的优点，就是他听了道理是真正去照做，做的时候还在不断反省。他做得不好的地方，没给自己找借口，而是承认虚度年华，追悔莫及。所以从己巳年发愿到己卯年，十多年的时间，他才把三千件善事做完。

做完三千件善事以后，了凡说他"**时方从李渐庵入关，未及回向**"。当时他当差，追随一个叫李渐庵的将军从山海关回来。由于军务在身，了凡没来得及把自己的功德回向。"回向"，这是佛家用语，其实就是把自己的功德"送"给众生。在中国佛教的传统中，佛弟子要上报四重恩，下济三途苦。四重恩是父母恩、国家恩、师长恩、众生恩，三途苦是指地狱之苦、饿鬼之苦、畜生之苦。一个真正信佛的弟子，绝不是仅仅为了自己的安乐、解脱，而是要感恩父母的养育，感恩国家的护佑，感恩师长的栽培和教育，感恩大众的帮助和成全，而且还要时时想着世界上困苦的大众，通过自己的努力为劳苦大众的解脱做实实在在的事。袁了凡深受中国儒释道文化的影响，自然有把功德回向给大众的想法。

到了庚辰年回到南方，了凡"**始请性空、慧空诸上人就东塔禅堂回向**"，就请法号叫性空和慧空的二位法师，在东塔禅堂回向，把自己的功德送给众生。"**遂起求子愿，亦许行三千善事。**"然后又发愿再做三千件好事，希望自己能有个孩子。孔先生曾经预测袁了凡没有子嗣，明白命运的秘密后，了凡决定通过自身的改变求子。结果到了辛巳年的时候，生了个儿子，起名天启。

孩子天启的出生，更加笃定了袁了凡改变自身命运的心愿：

余行一事，随以笔记。汝母不能书，每行一事，辄用鹅毛管，印一朱圈于历日之上。或施食贫人，或买放生命，一日有多至十余圈者。至癸未八月，三千之数已满。复请性空辈，就家庭回向。

"**余行一事，随以笔记**"，每做一件好事，了凡就记下来。接下来要注意，"汝母"是指了凡的妻子，因为这本书是了凡写给孩子的家训，用的是与孩子谈话的语气，所以称妻子为"你的母亲"。他的妻子不会写字，但人特别善良，是袁了凡的贤内助和大善缘。一个人一生的命运，和婚姻有重大的关系。如果遇到一个志同道合、能够帮助自己的伴侣，能够成就自己；反之，如果遇到德行不好、比较自私的伴侣，也会毁掉自己。很多官员都因为家属的贪欲和违法乱纪而身陷囹圄，这样的例子比比皆是。希望大家都能重视婚姻的选择，找到一生的善缘，互相提醒和帮助，互相成就。

袁了凡的妻子就是特别善良的人。她看到袁了凡一心改进，决定和了凡一起共同成就善事。于是，每当了凡做一件好事的时候，妻子就用这个鹅毛管蘸印泥，在历书上印上红圈记录下来。而且还和了凡一起做帮助别人的善事，诸如给穷人送饭吃，或者是放生，等等，有的时候一天能画十多个圈。到了癸未年（1583

年)的八月,三千件好事就做满了,了凡又请性空上人来到家里,专门做回向。

14. 身在公门好修行

九月十三日,复起求中进士愿,许行善事一万条。丙戌登第,授宝坻知县。

他又开始发了一个愿,再做善事一万条,希望科举考中进士。结果在丙戌年(1588年),果然考中,朝廷任命他做宝坻知县。这个宝坻,明朝隶属河北,现在是天津的宝坻区。现在的宝坻有一个袁了凡纪念馆,大家有机会可以去看一看。了凡先生一生的著作非常多,不光是家训,还包括天文、历法、治水、防风固沙、兴修水利等著作,是一位非常多产的大家。

余置空格一册,名曰治心篇。晨起坐堂,家人携付门役,置案上,所行善恶,纤悉必记。夜则设桌于庭,效赵阅道焚香告帝。

为了更好地督促自己前行,袁了凡准备了一种空格本子,给它起了个名,叫"治心篇"。每天早晨起来,在公堂上审案的时候,家里的差役就叫看门人把记录本放置在案桌上。一天所做的善恶之事,都记下来。到了晚上,他就在庭院里面摆个桌子,效仿一个叫赵阅道的人,点上香,对天地祖宗汇报自己一天的得失。赵阅道就是赵抃，北宋仁宗皇帝时的官员，曾任殿中侍御史（专门提建议和维护官员纪律的官员），非常有学养，文学家兼诗人。赵阅道本人有浩然之气，气宇轩昂，为官忠诚、廉洁、正直。在给皇帝提建议的时候，不避权贵，公正无私，大义凛然。晚年被皇帝信任，做太子少保（皇太子的老师）。赵阅道对自己要求很严格，每天上朝回家后，都要焚香告天，向天地祖宗报告一天的所想所做，看看是否违背国法，看看是否违反伦理道德，看看是否自私自利，并深刻反思自己的起心动念！可以这样说，赵阅道是一个严格按照圣贤的要求约束自己，真正知行合一的真君子。据记载，有一天他政事之余宴坐公堂，突然听见一个霹雳响雷，豁然开悟，成就了自己的大功德和大智慧。这个故事被写进了《宋史》，大家可以专门查阅。

袁了凡学习赵阅道，上香面对天地祖宗祈祷诉说今天做了哪些事，哪些需要不断改进，都以诚相告。

汝母见所行不多，辄颦蹙曰：我前在家，相助为善，故三千之数得完；今许一万，衙中无事可行，何时得圆满乎？

"汝母见所行不多"，了凡对他儿子说：你母亲见我做的好事不多，就发愁。大家知道做一万件好事不容易，并非每天都有好事等着我们来做。比如看到老人要过马路了，我们扶他过马路，可也不是每天有好多老人排着队等着人扶过马路。因此了凡的夫人很忧虑，说丈夫要做一万件好事，做起来不容易。原来在家未做官员的时候，夫妻两个一起做善事，三千件就做完了，可是现在了凡已经当官了,在衙门里每天处理公务,哪有那么多善事可做?公务那么忙,了凡夫妇也不可能老是到大街上帮别人。照此情境,这一万件善事,啥时候能做完呢?

困扰之际,了凡**"夜间偶梦见一神人"**。这一天他做梦,梦见一个大神,于是如见救星,赶紧把自己的困扰告之,向神人求救:

余言善事难完之故,神曰:"只减粮一节,万行俱完矣。"盖宝坻之田,每亩二分三厘七毫,余为区处,减至一分四厘六毫,委有此事,心颇惊疑。

请大家注意!这一段是讲的什么呢?实际上讲的是当公务员的伟大之处!梦见大神,了凡先生就一五一十地对大神说出了自己的困扰。他说,我要做一万件好事,现在来看很难,这咋办呢?大神说,不要担心,你不是减粮了吗?你减了老百姓的税收,就这一件事,你做一万件事的愿望就已经实现了。原来宝坻这个地方,田地税收是一亩地收税二分三厘七毫。了凡上任以后,发现宝坻临近渤海,有些盐碱地,老百姓生活比较苦。他奏明朝廷以后,宝坻的税收由二分三厘七毫,减到了一分四厘六毫。这个减税,是一件利益民生的大好事,让全县一万多户人家都得到了好处。所以大神告诉他,你一点儿都不要担心,就减税这一件好事,一万件好事已经做完了。了凡觉得特别惊奇,心想大神怎么知道这件事呢。

读到这里,想跟大家说一句话,那就是"身在公门好修行"。"公"就是公家的公,就是公务员的公。我作为一名普通的人民教师，有时候特别感慨——很多学生问我：老师你支持不支持我们考公务员？我说我不仅支持，而且大力支持！公务员，手中有人民赋予的权力，可以更好地为人民服务。像我这样的知识分子，即便是能讲一点利国利民的东西，别人能不能听得进去？别人听了以后，会不会真正去做？实际上我并不确定。更不要说我自己的德行和智慧很不够，很难感召大家了。但我觉得公务员就不一样，比如一个县委书记，像了凡先生一样，如果真想全心全意为人民服务，真想为官一任，造福一方，那么县委书记做一件好事，这个县里如果有几十万、上百万的老百姓，就是几十万、上百万人受益。如果是一个省委书记，他推行一个好政策，可以让几千万人受益。这影响太大了！所以说身在公门好修行，那些掌握了权力的人，如果真的能践行我们党提出的全心全意为人民服务的宗旨，如果真的能为官一任，造福一方，用掌握的实际权力，通过自己的努力，团结大家，肝脑涂地地给大众服务，让亿万的老百姓受用，这个就太伟大了！从这一点上，我觉得公务员比知识分子空空地讲一些道理，不知道要强多少。所以那些实实在在地在每一个工作岗位上，以自己的勤劳和智慧为大众服务的人，我都由衷地尊敬，因为这些人通过自己的努力实实在在帮助了人民群众。

　　身在公门好修行，我希望每一个人，尤其是掌握权力的人，体会到这一点，能为官一任，造福一方，善莫大焉。我想这也是中央纪委监察部，把《了凡四训》这本书推荐给每一个公务员、每一个共产党员的初衷。《了凡四训》虽然是在几百年之前写成的一本书，可是它所传达的信息对我们今天有莫大的教育意义。它告诉我们，手中掌握权力的人，所制定的任何一项政策，可能关系到千千万万人的福祉。所以朋友们，切不可大意。我们每一个人，尤其是掌握权力的人，善念一动，不知道惠及多少人。从这个意义上讲，我觉得这也体现了中纪委的良苦用心。可是，反过来说，一个身居高位的人，一个位高权重的人，一个掌握了公权力的人，如果以权谋私，贪赃枉法，甚至祸乱一方，那罪过也大得多！不仅个人深陷牢狱之灾，甚至会家破人亡，祸及子孙，如果写进历史，恐怕永世不得翻身！所以，善意地劝告那些只是为了追求权力的人，位高权重和牢狱之灾，可能是同时存在的一体两面，只在一念之间。如果内在的修为配得上位高权重，一生秉持为人民服务的初心，无论多少诱惑都能不改初衷，笃定前行，掌握权力为更多的人民服务，成就自己，这是大好事，值得大大地肯定！反之，既没有为人民服务的初心，又没有抵制诱惑的能力，只是为了个人的利益做官，这是极其危险的行为，害人害己，最终难免身陷牢笼，甚至家破人亡。

好，回到《了凡四训》。做了这个梦之后，了凡觉得奇怪：这是真的吗？这个时候他遇到了从五台山来的幻余禅师。**"适幻余禅师自五台来，余以梦告之，且问此事宜信否。"** 他就把这个梦告诉禅师，禅师听了以后说：**"善心真切，即一行可当万善，况合县减粮，万民受福乎！"** 幻余禅师就告诉他：你做的这个梦真实可信。一个人如果真心做事，一行可当万善。请大家注意，当一个人以至诚之心做善事的时候，力量很大。幻余禅师说当一个人很真,比如你真真切切地想帮老百姓,做一件事顶一万件事。何况你减粮这件事,一个县里确实有上万户的老百姓受益。从这一点上讲,那个大神告诉你减粮这一件事相当于一万件好事,此言真实不虚。**"吾即捐俸银,请其就五台山斋僧一万而回向之。"** 了凡听了以后,当时就决定把自己的俸银捐出来,供养五台山的寺院斋僧,把这一万件事的功德,同时也回向给大众。

15. 了凡的命运发生变化

了凡先生给他的孩子讲述了这些道理后,告诉孩子:

孔公算予五十三岁有厄,余未尝祈寿,是岁竟无恙,今六十九矣。《书》曰:"天难谌,命靡常。"又云:"惟命不于常。"皆非诳语。吾于是而知,凡称祸福自己求之者,乃圣贤之言;若谓祸福惟天所命,则世俗之论矣。

孔先生原来算他五十三岁的那年八月十四丑时要去世,但袁了凡根本就没有祈祷长寿,结果也安然度过,到了今年已经六十九岁了。也就是说写这本书的时候,了凡先生已经六十九岁了。经过云谷禅师一番教导,实际上他由五十三岁延寿到了七十多岁。写这本书时,他的命运,包括科举考试,包括养育孩子,等等,都发生了根本的变化。

了凡感慨,《尚书》上说,"天难谌,命靡常",又说"惟命不于常"，这些道理"皆非诳语"。《尚书》上说，上天的这个命，并不是固定不变的。一个人就该穷，一个人就该发达，并不是这样。有的人本来过得特别好，但是为富不仁，或者当官而贪赃枉法，可能家破人亡，可能一夜之间所有的财富灰飞烟灭；有的人很穷，可是发奋读书，乐善好施，这一辈子过得越来越好。所以命并不是固定不变的，《尚书》上讲的"命靡常"，不是假话。

通过自己一生的命运变化，了凡现身说法，告诉孩子：命运在自己手里，咱们好好通过提升修为改变命运，所谓"命由我作，福自己求"，这都是圣人说的话；如果有人说自己命好或命坏都是上天那个造物主早已经决定了的，这是宿命论，是一般糊涂人说的没什么智慧的话。了凡先生做了这么一个总结，他说：

> 汝之命未知若何。即命当荣显，常作落寞想；即时当顺利，常作拂逆想；即眼前足食，常作贫窭想；即人相爱敬，常作恐惧想；即家世望重，常作卑下想；即学问颇优，常作浅陋想。

了凡跟孩子说，你的命运不知会是怎样的。但我要劝告的是：一个人如果很显达，前呼后拥，多少人都对自己歌功颂德，这个时候切不要飘飘然，一定得想一想自己很落寞的时候，千万要对当前的那种前呼后拥保持警惕。当自己很顺利的时候，就得想想当初过得不容易的时候，是怎么过来的，不能翘尾巴。当自己过得特别好的时候，绝对不能浪费。家里过得好了就骄奢淫逸，绝不能这样，一定要节省。就得想一想我当初很穷的时候，一个窝头，一块红薯，我都要吃下去。当别的人都爱戴你的时候，更应该诚惶诚恐。当别人都说你好，对你竖大拇指的时候，应该小心谨慎，就得常想：别人那么尊重我，我值得吗？别人那么爱护我，我值得吗？我是不是有很多缺点？如果别人都高看你一眼，觉得你这个人飞黄腾达了，要常作卑下想。这个时候，越应该把自己看得很平凡，别人越说你伟大，你越应该知道自己很平凡。当别人都说你学问真高，说你真有智慧，你应该要知道自己的浅陋、自己的缺点。其实了凡说这些，就是告诉他的孩子，这一辈子千万别嘚瑟，千万不要飘飘然，永远要待人谦和，待人真诚，与人为善；要时时反省自己，永远知道自己的浅陋和不足。

了凡又继续说：

远思扬祖宗之德，近思盖父母之愆；上思报国之恩，下思造家之福；外思济人之急，内思闲己之邪。

务要日日知非，日日改过。一日不知非，即一日安于自是；一日无过可改，即一日无步可进。天下聪明俊秀不少，所以德不加修、业不加广者，只为因循二字，耽阁一生。

了凡说，我们做人应该**"远思扬祖宗之德"**，自己好好修行，做一番功业，让自己的祖宗脸上有光。朋友们，中华民族是世世代代特别重视家族传承的民族，我们自己做好了，让祖宗脸上有光，就是"远思扬祖宗之德"。**"近思盖父母之愆"**，如果自己的父母有缺点，有些邻居和社会上的人说自己的父母有缺点，怎么办？正因为自己的父母有缺点，所以我们更应该好好奋斗，我们好好努力，通过自己的优秀，来遮盖父母的缺点。这样，人们就会说别看父母做得不够好,可是他们家出了那么好的儿子,那么好的女儿,他们家的孩子那么有出息。这样间接地就把父母的缺点给遮盖了。**"上思报国之恩"**,我们作为一个公民,一定要报国恩。大家细想,我们吃的粮食蔬菜都是中国人民种的,我们喝的水,是中华人民共和国土地上的水,祖国的一山一水养育了我们,我们要报这个国家的恩。**"下思造家之福"**,我们要对自己的父母、自己的孩子、自己的爱人——对自己的家庭尽一份责任,尽力为他们的生活提供好的条件。然后是**"外思济人之急"**,别人遇到困难,比如有人要做阑尾炎手术,因缺少几百块钱不能做,身体就会出现大问题。此时要赶紧帮人家,这叫济人之急。知道别人遇到困难的时候,要舍得帮助人家,叫"外思济人之急"。**"内思闲己之邪"**,自己在家独处的时候,没有别人监督,要经常反思自己内心有没有一些不好的念头,有的话就要把它们去掉。

"务要日日知非,日日改过",就是一定要每天反思自己哪里做得不好。如果一天不反思自己,一天没有发现自己的缺点,没有修正过错,这一天就停止进步了。这一句话对我影响特别大。我们都是有很多缺点的普通人,我们每天都应该花一些时间想一想:我这一天哪里做得不好,哪一句话说得不对,哪个方面不够精进。每天都反思,每天都发现缺点,每天都改进自己,这样的话,每天都是在进步。了凡说天下聪明俊秀的人不少,今天也一样,很多人都很聪明,可是大多数人从来都不注意完善自己的人格,从来都不注意提高自己的德行。很多人一门心思就是赚钱,赚到钱以后,就吃喝玩乐。这样的人,了凡说耽误一生。不仅不能改变命运，如果做得不好，甚至还会招致灾难。所以了凡的这句话，告诉我们很多人貌似"聪明"，其实是假聪明，是小聪明。真正的大聪明，一定是不断地反省自己，不断地提高自己，从而让自己的命运越来越好。不仅自己好，家庭好，对朋友、对社会、对国家，都有助益。实际上，这才是大智慧，才是真聪明。

了凡继续说："云谷禅师所授立命之说，乃至精至邃至真至正之理，其熟玩而勉行之，毋自旷也。"

了凡说云谷禅师给我讲的立命之学，揭示了命运是怎么回事。这番道理，实际上非常精微，非常深刻。他告诉自己的孩子：你得好好去读，把这个道理读懂以后，你还得体会，还得理解，不能囫囵吞枣，要真理解，然后努力践行，真正去实践。他告诉孩子，千万不要荒废生命，千万不要耍小聪明，千万不可放逸自己，否则会耽误一生。

读到这里，《了凡四训》的第一部分立命之学就结束了。这部分实际上就是通过云谷禅师与了凡的一番对话，深刻地解读了人的命运到底是怎么回事，怎么改变命运。了凡先生的伟大就在于，他真听，真信，真去做，知行合一。所以他的命运，包括他的寿命，包括他的子嗣，包括他的仕途，方方面面都发生了变化。一句话，"命由我作，福自己求"。千万不要做一个持宿命论的人，一定要把命运的道理弄明白以后，理解它，然后让它贯穿在自己的行动中。这样人人都可改变命运，人人都可吉祥安康，发展的道路也会越来越宽广。

第二训

改过之法

在讲了"立命之学"以后,第二篇讲"改过之法"。任何一个人都会有这样那样的缺点,正因如此,我们既要严格要求自己,又不能求全责备、苛责他人。人人都希望自己的生活、工作越来越好,那就需要清醒地认识到自己的不足,痛下决心改正自己的缺点。只有这样,才能缺点越来越少,优点越来越多,人生的命运轨迹也会越来越好。这一篇"改过之法",讲的就是当我们知道命运是怎么回事之后,怎样改正自己的缺点,怎样让自己越来越好。

1. 春秋时期的"算命方式"

春秋诸大夫,见人言动,亿而谈其祸福,靡不验者,左国诸记可观也。大都吉凶之兆,萌乎心而动乎四体,其过于厚者常获福,过于薄者常近祸,俗眼多翳,谓有未定而不可测者。至诚合天,福之将至,观其善而必先知之矣;祸之将至,观其不善而必先知之矣。今欲获福而远祸,未论行善,先须改过。

在这一段里,了凡先生先讲了这么一个现象:春秋时的士大夫,通过观察一个人说话办事的状态,基本上就能看出这个人是不是会招来福报或者祸害。这种情况在《左传》和《国语》等史书里都有记载,例子比比皆是。一个人的吉和凶的兆头,实际上是源自你的发心,就是你的起心动念,比如一个人行的是善还是恶,是想利益大众,还是想祸害这个社会。

一个人的"心",有的时候不见得容易观察,但人的心念与行动总是结合在一起的,称之为**"萌乎心而动乎四体"**。春秋时期的士大夫,为什么能够对一个人是招灾还是有福判断得那么准?他是怎么判断的?其实就是通过一个人的起心动念,以及在这个心念指导之下的行为判断的。"天道无亲,常与善人"(《老子》),所以**"过于厚者常获福"**,就是那些很厚道的人待人非常真诚,容易有福报。而那些刻薄尖酸、睚眦必报、心胸狭隘的人,处处结下恶缘,往往就会招祸。而一般的老百姓由于没有那么大的智慧,所以很难做出准确的预测。

"至诚合天,福之将至",就是一个人在心里把小我的自私、贪心、嫉妒、狭隘等杂念去掉,人心契合天心,人道和天道一致,这个时候就"福之将至"了。我们可以举个例子,无论是植物还是动物,都有各自生存的方式,都可以得到天地的滋养,这叫天地有好生之德。如果一个人不光想着自己的父母，还想着天下的老人；不光想着自己的孩子，还想着天下人的孩子；不仅希望自己家里好，而且希望天下的家庭都过得幸福，那这个人就超越了小我的自私、偏见、狭隘等弱点。这个时候这个人的心和天心一致，如天一样有好生之德，这就叫"至诚合天，福之将至"，你会得到无数人的拥护、爱戴，能够团结无数人一起奋斗，能够承担大的使命和责任，那么也一定有福报，所以**"观其善而必先知之矣"**，意思是看一个人有没有福报，看他的行动就知道了，他能利益大众，服务社会，如是想如是行，那他一定有福报。

而有些人**"祸之将至，观其不善而必先知之矣"**。也就是说一个人要倒霉了，其实你从他的恶言恶行就能看出端倪。如果一个人非常狭隘自私，违法乱纪，欺男霸女，甚至经常祸乱人心，可谓恶贯满盈，这个人一定会倒霉。在现实中，人们能看到一些恶人，依仗自己的强势霸凌别人，让普通老百姓敢怒不敢言，只能忍气吞声。但人善人欺天不欺，人恶人怕天不怕，一个伤天害理、恶贯满盈的人，如果自己能够洗心革面最好，如果一意孤行，种下无量的恶因，得罪无数的人，无论是国法，还是他自身结下的恶缘，都不会放过他。

在如何改变命运的问题上，了凡指出，**"今欲获福而远祸，未论行善，先须改过"**。一个人如果想改变命运，获得福报，首先要改过。只有把自己的弱点和错误改过来，一个人的命运才能发生变化。

2. 改过者，第一要发耻心

"但改过者，第一，要发耻心。思古之圣贤，与我同为丈夫，彼何以百世可师？我何以一身瓦裂？耽染尘情，私行不义。"了凡说，首先一个人，想改正自己的错误，超越自己的弱点，要发耻心，就是要知道羞耻。大家知道孔子有一句话，叫"知耻近乎勇也"，真正有大智大勇的人，他要有羞耻之心，用老百姓的话，他得知道"丢人"。一个人虽然做了不好的事，但是觉得自己所作所为不好，决心以后一定要改，这个人就有向好的希望。如果一个人做了错事，他一点也不觉得丢人，这种人就很难洗心革面，重新做人。我们都有这方面的体会：上学的时候，考试成绩不好，被老师批评，回到家里没等家长问，心里已经特别难受了。尤其是看到父母含辛茹苦，省吃俭用，更是难过。有了这种自责和反省，就会争取以后表现好一些，让自己的良心得到安慰。所以有些家长问我孩子的学习到底有没有希望，我会问：你的孩子考试成绩如果不理想，回到家有什么表现？有的家长告诉我，孩子考得不好，回到家就哭，非常难受。那我会告诉他，这个孩子应该大有希望，因为他某一次考得不好，这不可怕。哪个孩子每一次都能考第一？如果他考得不好，特别难过，这就是有耻心。只要觉得很羞耻，觉得对不起父母，对不起老师，这个孩子就有希望，"知耻近乎勇"，下次他会力争考好。反过来讲，如果孩子考得不好，回到家把卷子往桌子上一摔，家长问他为什么考得不好，孩子说：考得不好咋了？他把考得不好不当回事，也不觉得羞耻或者丢人，这就非常麻烦，很难激发起奋发图强的劲头。所以，一个人能够有耻心特别重要，这是改过自强的精神力量。

更进一步说，人人皆可以为尧舜。人人有血肉之躯，圣人也要吃饭，我们也要吃饭，我们跟圣人在这一点上，就是同为丈夫，都是人！为什么人家是百世师，受到后世人的尊重，而且有那么大的智慧，给了社会做那么大的贡献，而我却是一个庸庸碌碌的人？我不觉得很羞耻吗？并没有哪一个人天生就踩着五彩祥云，放着金光，大家都是需要吃喝拉撒的，都需要经过不断努力才能成就自己。孔子说"吾少也贱，故多能鄙事"，我小的时候，实际上很穷苦，所以算账、放牛、放羊等这种穷苦人做的事，我都会。孔子说我是什么样的人呢？"发愤忘食，乐而忘忧，不知老之将至"，他说其实我也不是生而知之者，而是学而知之者。我是通过不断学习，海纳百川，慢慢地把自己的格局、视野、智慧给打开的。在刻苦奋斗的时候，"发愤忘食"，勤奋得连饭都忘了吃，"乐而忘忧"，每天在学习中感受到快乐，把忧愁都忘掉了，"不知老之将至"，忽然发现我老了。

孔子一辈子都在学，快快乐乐地学，圣人无常师，珍惜一切机会学习。孔子说自己"不怨天，不尤人，下学而上达，知我者其天乎"。不埋怨上天对我不好，不抱怨时代的环境不好，不说领导人都不赏识我，等等，而是通过努力地学习，上达天理，把很多深奥的道理都搞明白了。孔子说，真正了解我的大概只有老天了。

所以第一要发耻心，我们跟圣贤一样都是吃饭生活，和圣贤比一比，我们太不知道进取和努力了。懂得了羞耻，我们不妨反思：我们身边有很多优秀的人，他们有三头六臂吗？根本不是，他们所拥有的无非是更多的努力和拼搏，绝不自甘堕落，这是人人可为的事！

孟子曰："耻之于人大矣。"以其得之则圣贤，失之则禽兽耳。此改过之要机也。

孟子说"耻"这个字对人太重要了。如果你知道丢人，你好好努力，那就是向圣贤的方向努力。如果说连羞耻都不知道，那恐怕就等同于衣冠禽兽。所以孟子把这个"耻"字看得很重，认为有羞耻之心，就有不断提升自己的可能。孟子的这句话，给我们很大启发。我们平时所羡慕的有成就的人，并不是比我们强多少，也不是惊为天人，也谈不上特别智慧聪明。大家有同一个老师，在同一个教室里学习，为啥某某人成为有成就的人，为什么我们做得不怎么样，难道他会腾云驾雾？不是这样！实际上是人家勤奋，人家真正去干，人家把很多闲暇的时光用在努力上，而我们则是在浑浑噩噩中，错失了太多改过自新的机会。如果我们有羞耻心，扪心自问：凭啥不如人家呀？大家吃一样的饭，生活在一样的环境里边，无非是不如别人努力。所以要知道丢人，要知道羞耻，有了这个才能发愤图强，才能刻苦用心，日新又新。

3. 改过者，第二要发畏心

"第二，要发畏心。" 畏，就是敬畏。敬畏之心是一个人严格要求自己、不断努力的重要条件。

天地在上，鬼神难欺，吾虽过在隐微，而天地鬼神，实鉴临之，重则降之百殃，轻则损其现福，吾何以不惧。

了凡讲第二要有"敬畏之心"，这样才有自律和自强。我们读孔子的书，孔子曾经说"君子有三畏"，其中第一畏就是"畏天命"，如何理解"天命"？一个人活在天地宇宙之间，有无数的东西并非我们能决定的。每一个人都是在特定的时空点上做人、做事，这个特定的时空和各种主客观条件，是任何人都无法逃脱的现实。我们生活的宇宙、社会，都有内在的规律，面对规律，任何耍脾气和轻蔑，都会被击得粉碎！对此，我们如何能不敬畏？老子说，知人者智，自知者明。我们要明白自己所处的主客观环境，要明白自己的弱点和长处，这才有可能做一点事。

以孔子为例，孔子生活在春秋战国交接的时期。大家知道，春秋战国时期，夏商周三代的社会秩序崩溃瓦解，曾经的社会治理模式要逐渐退出历史舞台，中国历史面临着大分化、大重组、大变动，中国社会何去何从？这是摆在中国人面前的时代大考！正是在这样的大时代背景下，不同角色的人演绎出不同的人生。

诸侯之间追名逐利，当时的诸侯王关注的最重要的问题，就是怎么争夺地盘，怎么打败别人，怎么称王称霸。在那个时候，孔子告诉诸侯王：你要放下小我，你要做一个有道德的人，你要讲"道义"，要讲"仁爱之心"，要讲"君子务本"，要讲"修己安人"，以立人伦、振纲常来纠正人心，让每一个人做堂堂正正的人。孔子怀着这个理想，在当时诸侯都想称王称霸那种环境中，大家觉得孔子会得到重用吗？这是不可能的！

孔子所说的"知天命"，既包含了他对当时大环境的了解，同时也意味着他对自己所做的事有深刻的认知。孔子关于什么才是大写的人的思考，具有永恒的价值，但并不被当时称王称霸的主流环境所认可，正因如此，他才说"求仁得仁，又何怨"。所以别人嘲笑他：你这人东奔西跑，周游列国，没有一个诸侯王真正听你的话，何必呢？孔子坦然自若，称"道之不行，已知之矣"。因为当时并不具备接受孔子思想的环境，人们还无法看到孔子思想的价值，但孔子的伟大正在于没有因为少有人理解而放弃自己的努力。这就是孔子的"敬畏天命"。

如果孔子没有这个智慧，而觉得自己特别伟大，不被人重用、不被人认可就发牢骚、生气、愤懑、发脾气等等，那结果呢？无论你多委屈、多愤懑，哪怕气病了，照样没有人听你的，因为时代使然。只有一个大一统的国家建立了，社会需要稳定，思想需要统一，这个时候孔子开的药方——仁义礼智信，温良恭俭让，怎么做人，怎么爱社会，怎么爱家人，做人怎么谦卑，怎么与人为善，怎么样做好本分，等等，这一套东西才能彰显出价值，才能逐渐被世人认知和肯定。所以汉武帝时代开始实行董仲舒提倡的"罢黜百家，独尊儒术"。实际上，即便是今天，孔子的思想仍然有非常重要的价值。

王岐山同志曾经说："'仁义礼智信'，与今天我们倡导的家国情怀、责任担当乃至社会主义核心价值观交相辉映。"我们怎么做人？靠仁义礼智信。我们都得去学习它，体会它。

孔子还讲"畏大人"。大人就是了不起的人，是德才兼备具备大权威的人，是手握乾坤、言出法随的人。这种大英雄说的话你要懂得尊重。有的人就喜欢做刺头，故意彰显自己的存在，国家说应该怎么做，偏不怎么做，结果只能是自找苦吃。掌握公权力的大人，某种程度上是国家意志的体现，应该得到尊重。比如特定的时候，国家需要人去参军，需要人保卫边疆，那个时候，如果非得反对保家卫国，强调所谓的个人自由，那你违抗当时的政策，肯定要被追究责任。我们今天的平安生活，离不开无数先烈的奉献和付出。国家出台法令设定专门的节日纪念先烈，敬重英雄，如果有人非要在英烈纪念日做一些特别不适合的事，说一些侮辱先烈的话，必受到惩罚！而且这种惩罚，于情于理于法，都讲得过去。所以要"畏大人"。

了凡讲敬畏之心讲的是什么呢？他是讲一个人在社会上，你的一言一行，别人都观察着你；你独处的时候，天地之间，鬼神都能看得到你。当然这些说法在今天，有些人可能不好理解。但是我想说，一个人要有敬畏之心，懂得约束自己，这对社会的健康发展特别重要。

孔子还强调"畏圣人之言",为什么?在人类历史上,能够称之为圣贤的人,不仅有很高的德行修为,而且他们的话往往是对宇宙、人生真理的揭示。也就是说,圣人某种程度上是"大道"的化身和显现。而真理专治各种不服,在真理面前,只有一种态度是对的,那就是认识真理、尊重真理,按规律办事。比如:《易传》里讲自强不息,厚德载物。如果一个人敬畏圣人之言,那就要真正按照自强不息、厚德载物的要求去做。遇到任何困难,百折不挠,愈挫愈奋,绝不懈怠,更不会骄奢淫逸;而且不断提升个人修为,登高望远,抵制诱惑,笃定初心,这样必出大才!反之,如果一个人自暴自弃,好吃懒做,违法乱纪,贪赃枉法,必然不会有好下场,更不会受到社会的尊敬和人民的爱戴。

改革开放以来,我们追求经济、社会的发展,有很多人为了追求经济利益,为了赚钱,向大自然开战,砍伐树木,竭泽而渔,盲目地开采矿产,等等,对地球环境造成极大破坏。客观地说,几十年改革开放的发展,虽然取得了很大成就,却也把我们很多地方的好环境都破坏了,水源污染了,天空也不再蓝了。要知道,几十年的经济发展,我们付出的代价也十分巨大,恐怕需要几十年乃至几百年的时间去修补,甚至都很难补回来。现在重视生态文明,追求绿色发展,逐步成为全社会的共识,这就是敬畏之心的一种表现,这是对大自然的敬畏之心。

实际上还有很多力量是我们看不到的。对于我们看不到的各种力量,用孔子的话说就是"敬鬼神而远之"。鬼神,在今天讲唯物主义、讲科学的环境中，人们容易将其人格化，实际上可以理解为虽看不见但却影响人们生活的力量。"敬鬼神"，就是对看不见但影响我们的力量要有敬畏之心。那什么是"远之"呢？孔子说真正改变命运还是要靠我们自己，自助者天助，自助者人助，但是你要有敬畏之心。

敬畏之心，对个人的德行修为和民族的道德建设，特别重要。一个人也好，一个民族也好，如果可以任意胡来，胡作非为，毫无敬畏之心，想说啥说啥，想干啥干啥，毫无底线，毫无原则，一定会走向灭亡；有了发自肺腑的敬畏之心，才能有人生的底线，才能有所为有所不为。敬畏良知，我们才有仁爱之心，才能与人为善，乐于助人；敬畏天地，才能保护环境，山清水秀；敬畏先烈和英雄，才能英雄辈出，后继有人；敬畏国家，才能自觉维护民族团结，力所能及为国家做事；敬畏人民，才能走进人民，植根人民，为人民服务；敬畏文化，才能传承文脉，护养国魂！

我们今天有安稳的生活，这幸福绝不是天上掉下来的。56个民族要亲如一家，增进中华民族共同体意识，不同民族像石榴籽一样抱在一起。全体中国人互相学习，互相包容，互相团结，拧成一股绳来建设我们伟大的国家，实现民族的伟大复兴，这才是有敬畏之心的自然表现。相反，缺乏敬畏之心，为所欲为，最后的结果就是一个灾难接着一个灾难，自毁长城，自促国亡。

4. 改过者，第三要发勇心

第三，须发勇心。人不改过，多是因循退缩；吾须奋然振作，不用迟疑，不烦等待。小者如芒刺在肉，速与抉别；大者如毒蛇啮指，速与斩除，无丝毫凝滞，此风雷之所以为益也。

第三要"发勇心"。了凡说一个人不能去改正自己的错误，多是因为他人生的惯性而退缩。什么是惯性呢？比如有的年轻人上了大学以后，由于高考的任务结束了，心态放松了，不那么努力了，每天早晨八点多起床，如果不上课，九点也起不了床。当哪一天忽然觉悟：我太对不起我的父母了！现在就业的压力那么大，父母含辛茹苦供养着自己读大学，每天不上课，睡到九点多十点多，这像话吗？这就是良心唤醒，是耻心在起作用。这个时候怎么办？决心早起。如果起床的时候，你一下子就起来了，穿好衣服去读书，去奋斗，这事就向好了；可是如果这个时候，脑子里面做了一番思想斗争，接着又躺下了，这就是惯性。一个人严谨起来不容易，养成好的习惯不容易，但垮下去却非常容易。而且一旦松松垮垮，又希望自己特别严谨，那更不容易。又比如一个人喜欢打牌，打牌打的时间太长，又觉得太对不起家人了，一阵自责，但自责的同时还是继续打牌，甚至一打就一个通宵。按了凡说的话，说改当下就改，不能因循退缩，不能被以往的恶劣习气绑架控制，不能因为惯性，而让自己畏缩不前。应该是奋然振作，不要迟疑，不能等待，不能拖延。小一点的过错，就像针扎在自己肉里，不拔出来就难受；大的过错就像毒蛇咬到自己手指，为防止蛇毒扩散，迅速把手指斩断，毫不迟疑，不把它去掉斩除，心里都特别难过。

讲到这里，了凡借用了一个卦——风雷益。大家读《易经》就会知道，八卦里有天、地、水、火、风、雷、山、泽这八个自然现象，对应的卦名分别是乾、坤、坎、离、巽、震、艮、兑。《周易》的了不起的贡献，就在于它用这八个卦（乾、坤、坎、离、巽、震、艮、兑）概括了无限复杂的宇宙。而了凡说的益卦，其卦象上边是风，下边是雷，合在一起就是文王推演的六十四卦中的风雷益（䷩）。为什么是风雷益呢？益的卦辞曰："风雷，益。君子以见善则迁，有过则改。"就是说，你如果知道自己哪里做得不好，雷厉风行，说改就改，这样就能得到"益"的结果。袁了凡借用风雷益这个卦象，告诉我们，这一生如果看到自己的缺点，知道自己哪里不足，绝不迟疑，以迅雷不及掩耳之速把缺点改掉，这样才会吉祥。反过来讲，知道自己不对，天天自责，天天不改，因循守旧，慢慢地自我反省的良知也丢了，这样人生就彻底地堕落了。

了凡说：**"具是三心，则有过斯改，如春冰遇日，何患不消乎？"** 如果一个人有勇心，有敬畏之心，有羞耻之心，你这"三心"都有了的时候，哪里做得不好马上去改，就像春天的冰遇到炎热的太阳一样，一定会消融。凡夫俗子，芸芸众生，哪一个不是问题多多？哪一个没有缺点？孔子讲得好，"过则勿惮改"。什么意思呢？不怕有错，谁没错啊？所以我们看待、评价有些人，包括一些历史上的大人物，汉高祖刘邦、唐太宗李世民、明太祖朱元璋，等等，不可求全责备。评价这样的人，我个人的看法，重点是看他在特定的时空环境，有没有完成那个时代的任务，完成得怎么样，有哪些遗憾，有哪些成就值得我们学习。这是评价大人物、大英雄的根本尺度，而不应用儿女情长之类的故事来泯灭他们的丰功伟绩。孔子说"过则勿惮改"，一个人不怕有过，有过一定要改。

5. 每一个孩子都有优点

曾经有一个家长告诉我说他的孩子有这问题那问题，他内心非常失望和痛苦。我听了告诉他：这个世界上谁没有问题？也许一个人在成为圣人之后，问题少或者没有问题，而我们芸芸众生，都有着各种各样的问题，这才是教育的价值。不要因为孩子有一些问题而难过，关键是分析问题的原因，逐渐找到解决问题的办法。一方面外部要督促，一方面孩子自己也在长大，心智和良知是逐渐唤醒的，会慢慢好起来。很多老师都希望教优秀的孩子，但是对那些不怎么优秀的孩子也不能歧视。哪个孩子没有问题呢？聪明有聪明的问题，机敏有机敏的问题，愚笨有愚笨的问题，反之也各有各的优点。

曾经有一对父母给我讲述了他两个孩子的情况。老大呆萌，老二特别机敏。一般人看来，呆萌的孩子，反应有点迟钝，学习成绩不是很好，没有机敏的孩子优秀。但事实上呢？家长发现那个机敏的孩子特别容易有各种情绪，一会儿这不满意，一会儿那不满意。上学了，同学间的长短是非、与老师的亲疏远近，等等，都装在这个机敏孩子的心里，导致各种问题。但那个呆萌的孩子，学习成绩虽然不是很好，但是心量很大，什么别人看不起啊，同学的眼神异样啊，老师歧视啊，等等，一概不理会，也不去分别，每天都快快乐乐的。请大家想一想：到底哪个孩子的人生更幸福？我希望天下的老师、家长，不要看不起某些孩子，一定要善于发现每个孩子的优点和长处，对于弱点和不足比较多的孩子，也要不断地关照、呵护、督促，让孩子越来越好！

所以由这一点体会，我们就应该知道对人一定要宽容，而不要尖刻。当我们很尖刻地指责别人的时候，扪心自问：我们是圣人吗？我们自己的缺点可能比自己指责的那个人还要多。我们可以批评别人，但是也要自省，也要对人宽容。

6. 改正错误的三种方法

了凡进一步指出，怎么样才能更好地改正自己的缺点：

然人之过，有从事上改者，有从理上改者，有从心上改者；

工夫不同，效验亦异。

了凡说一个人真正改正自己的错误，有三种办法：一个是从事上改，一个是从理上改，一个是从心地上改。改的功夫不一样，产生的效果也不一样。

在这里我跟大家谈一下什么叫事上改，什么叫理上改，什么叫心地上改。比如说中央出台了《关于改进工作作风的八项规定》，要求公务人员绝不能大吃大喝，铺张浪费。这是一件大好事。某些大型国有企业，原来招待客人，喝一瓶红酒都一万多块，点一桌菜甚至好几万元，自从《八项规定》推行以后，不能这么做了，一顿饭几百块钱，能吃饱就行了，酒也不喝了。即便是某些时候能喝酒，也绝对不能喝一万多一瓶的酒了，行事上不这样铺张浪费了，这就是事上改。

但是事上改了，道理上明白吗？不一定，下一个就是从理上改。从理上怎么改呢？道理要讲明白。比如说国家的钱，其实就是人民的钱，是老百姓创造的财富，拿着老百姓的钱，一瓶酒一万多块，说得重一点，这不是丧尽天良吗？对于困难的群众而言，有的时候这一万多块都能救人的命；一万多块钱，那是多少山区里的中学生小学生们的学费！你怎么可以忍心拿着一万多块钱，拿着老百姓的血汗随便吃喝呢？这种浪费，不仅违背党纪国法，实话说也违背天理。当一个人懂得这个道理了，可能会觉悟：我花着人民的钱，拿着老百姓的血汗钱，做这种高规格的接待，我良心难受，这种事坚决不能做。这就做到了不仅不喝一万多块一瓶的酒，而且还知道为什么不喝，这就叫理上改。

那什么叫心地上改呢？公务招待，一万多块一瓶的酒，决心不喝了，这叫事上改；同时也知道为什么不喝，这叫理上改。但是有的人心里还想喝，一看到酒心里就痒痒的。到了第三个层次，就要做到心里也不想喝，这就是从心地上改。比如一个国家干部，明白为官一任，造福一方，权力不是自己的，而是人民的，我就要为人民服务。挥霍浪费的事，我绝不能干，内心也不接受骄奢淫逸、铺张浪费，这就是心地上改正。当别人打着歪主意给你送卡的时候，不管几十万、几百万元的卡，如果知道收了就是违法乱纪，甚至会家破人亡，虽然不敢收，但心里想收，这层次就又低了。面对这百万、千万元的贿赂，我坚决不要，这是事上改；我知道不该要，这是理上改；我内心一丁点要的意思都没有，对不义之财丝毫不动心，祝贺你，这就是心地上改了！禅宗里讲的"百花丛中过，片叶不沾身"，实际上是心地上的功夫。

现实中，我们至少应该做到不该做的事不做。更高层次的是，不该做的事，一点都不想做，这就是心地上改。一个人只有在心地上改了，他的命运才会真正地发生变化。要真正从心地上去改，不该做的不动心，这就了不起！我该做的事，即便有再大的困难，也要一往无前；该承担的责任，该担负的使命，我一肩担起，义无反顾，这更了不起！这是真正的大丈夫！一个人只有上升到心地上去改，境界和修为才会真正提高。

当然，我们在要求人的时候，不一定开始就要求这么高。只要不该做的绝不做，该做的做好，就值得肯定。

了凡还讲了很多，从心地上怎么改，他举了一些例子。比如**"闻谤而不怒"**，如果一个人遇到诽谤，有人侮辱你，你没做的事，他说你做了，还骂你，对你进行人身攻击，甚至攻击得很厉害。一般人当然都很生气，咽不下这口气。可是了凡告诉我们，不要生气，生气不但不解决问题，还会让自己受伤。当然，这个时候现代人可以采用法律的手段解决问题，但根本的应该在内心化解这种怨气。

　　了凡说如果一个人的心特别小，比如一个人的心像房子一样，那么别人拿着火把一烧，就烧到你的房顶了，这个时候人就难受，容易生气发怒。如果一个人的心像天空一样，像银河系甚至像宇宙一样大，别说别人拿个火把烧，就是拿个旗杆扛着烧，他也影响不到你呀！因为你的心像虚空那么大。所以了凡说一个人心胸真正广大，遇到了诽谤，一点都不介意。人们常说可以得罪君子，不要得罪小人，这话的道理是什么呢？君子的心像虚空一样，你哪一句话说得不合适，君子不会报复你。当然，真正的君子，在执行法律的时候，该怎么严格就怎么严格。可是，小人的心胸像针尖一样，什么都放不下，你哪一句话扫着他了，甚至可能是无意的话，让他不高兴了，他可能就在某个时候给你小鞋穿，找你麻烦。

　　朋友们，当你听到某些话心里不舒服的时候，一定是你的心太小了；当你听到某些话心里特别欢喜，或特别难受，或特别不自在，不管哪一种情绪，一定是你的心太小了，你放不下。如果你的心像虚空一样，把月亮、太阳、大熊座、猎户座、银河系……都包容在虚空中，这个时候，你心里啥都装得下，啥也不会扰动你的心智了。心量大，福才大，否则一点风吹草动，就让自己暴跳如雷，不仅没有幸福感，成就事业更无从谈起。

7. 过有千端，惟心所造

接下来，了凡讲"从心而改"的深刻道理，也是自我修养的高效捷径：

何谓从心而改？过有千端，惟心所造，吾心不动，过安从生？学者于好色、好名、好货、好怒种种诸过，不必逐类寻求，但当一心为善，正念现前，邪念自然污染不上。

了凡说：什么叫从心地上改呢？我们的错误虽然有千千万万，其实根儿都在心上。你只要不动心，比如说不贪名利，不贪钱，不贪权力，那么"权令智昏、色令智昏、利令智昏"等毛病与你无关。所以很多错误都是"惟心所造"。一个人的错误，粗看起来，是一个人有了不合适的行为，实际上行动的背后是错误的起心动念。就如同男孩买花追求姑娘的时候，早已经对姑娘有好感了。如果说男孩和女孩见了面，谁对谁也没意思，客客气气，过后各奔东西，相安无事，各走各的道路，各有各的生活，自然不会有追求的行为。

8. 挂碍，就会有痛苦

《心经》上说"心无挂碍，无挂碍故，无有恐怖，远离颠倒梦想，究竟涅槃"。一个人为什么会伤心？前提是自己动了心。只要你对那个人动心了，人家从你面前经过的时候，一下子把你的心抓住了，茶饭不思，牵肠挂肚，辗转反侧，心有挂碍。老师评职称的事情，也是一样。如果一个知识分子内心特别想得到这个职称，那么从发布职称评定消息的那一天起，就会牵肠挂肚：我能评上吗？从送上材料那一天起，就会辗转反侧：这一次名单里有我吗？一旦评不上就太难受了，恐怕血压也高了，心跳也加速了。为什么？因为对职称动心了。你只要有挂碍，你就有痛苦，人类所有的造作都是因为你动心了。人只要不动心，犯错之类的事基本上谈不上。行为是表象，起心动念是基础。所以了凡说：**"过有千端，惟心所造，吾心不动，过安从生。"** 那些喜欢美色的，喜欢名声的，喜欢钱财的，皆是如此。比如有些人，你喊他教授，他就高兴，你喊他某某大专家，他特别高兴，这就是好名；有些人，爱好收藏，喜欢古玩，这就是好货；有些人遇到任何不如意的事，暴跳如雷，一点不合自己的心意就勃然大怒，这就是好怒。种种过错不必逐类寻求，根儿就在心上，你不起心动念，哪会有什么过呢？所以**"但当一心为善，正念现前，邪念自然污染不上"**。所以说《了凡四训》这本书，好就好在，一切事，它在根儿上抓住了。

9. 过由心造，亦由心改

"过由心造，亦由心改，如斩毒树，直断其根，奚必枝枝而伐，叶叶而摘哉？"人一生中有千错万错，假如一个一个地改，一辈子也改不完。了凡打了一个好比喻，他说改错就如砍毒树，要直接斩断树根，不必枝枝叶叶都去砍。我们的贪钱、贪色、好货、好怒，贪嗔痴慢疑，错误非常多，但是直接抓到根本处，就是心。如果你的心如如不动，你不好色、不贪钱、不追逐名利，坦坦荡荡，必有浩然之气，正念现前，邪念自然污染不上，这是心地法门，是人性修养的根本方法。人类一切正义的事业，都因人有浩然之心；人类一切的过失，都因人动了邪念。所以一切的根本都在心地，我们说这是心法，这就是这个世界的秘密。

讲到这里，"一心为善，正念现前"就特别重要。有的学生问我：老师，我觉得自己内心有时不太干净，你有没有什么办法？喜欢出风头，想赚更多的钱，希望被人赞扬，爱追求俊男靓女，等等，我说这不奇怪，我们每个人都有各种念头或者欲望，欲望不等同于罪恶。我的看法是：你身体那么棒，年纪轻轻，吃的饭也多，既然要造业，就造利国利民的善业，读圣贤书，做利益国家的事，全心全意为人民服务。如果你不把精力放在为人民服务上，吃饱了，荷尔蒙高了，身体又好，你不瞎折腾吗？你很容易造恶业。所以我建议年轻人，既然自己的修为还到不了不动邪念的状态，到不了完全都是善念、真理的状态，那怎么办呢？那就多起利国利民的念，起为大众服务的念。趁着青春年少，好好吃，搞好身体，多做点好事，多结交志同道合的朋友，多为大众服务。

如果追问如何才能正念现前，从我的生活经验来看，我提点建议，供大家参考：其一，要读圣贤书，读那种对中国社会产生极大推动的好书。比如老庄孔孟，《六祖坛经》，再比如《毛泽东选集》，等等。当我们读圣贤书的时候，会生发浩然之气。比如读到孔子周游列国十多年，吃了那么多苦，我潸然泪下，心里感到很难过。我们的夫子，为了文脉国魂，放下自己优越的生活，我觉得自己和夫子相比太渺小了！我读《孟子》，孟子说五百年必有王者兴，舍我其谁；他说大人者，不失赤子之心，国家遇到那么多问题，谁也不要抱怨，我有责任！我读了孟子的书，浩然之气油然而生。我读毛主席的著作，如何真正为国为民，心怀天下，如何提高解决问题的能力，它给我很多很多的启发。这些就是正念。除了读圣贤书，还要怎么办呢？其二，要结交志同道合的朋友。你如果结交一些行为不检点的人，在一起聊的都是吃喝玩乐，甚至吃喝嫖赌的事，你很快就会被拉下水。你结交的都是一些浩然之士、堂堂正正的人，你结交的都是大丈夫，大家在一起互相学习、互相砥砺，往来无白丁，谈笑有鸿儒，大家谈论的都是为国为民的事业，这样的人互相支撑，互相启发，你在这样的朋友圈里会变得越来越干净，越来越有担当。所以我的看法是，希望正念现前，我们就要有方法：读好书，结交志同道合的朋友，做利国利民的事。

有的年轻人内心某个时候欲望会比较大，或者说有些人性的弱点，那就需要自己转念，多做有意义的事，做真正该做的事，欲望就可以转移。多把精力用在利国利民、有利于身心健康的事情上，这是转念的好办法。人的心是可以被引导的，不要被欲念牵着鼻子走。欲望生起的时候，去做那种利益大众的事，比如做义工等，去读圣贤书，或者和益友一起去爬山、聊天、交流智慧……总之，你做积极健康向上的事，不好的念头也会随之消失。

10. 最上治心，当下清净

了凡说，**"大抵最上治心"**，一个人改变命运最高妙的办法就是治心，**"当下清净，才动即觉，觉之即无"**。不要怕心里有不好的念头，刚有一个不好的念头，马上觉醒："我在想什么！"这叫"才动即觉"。"觉之即无"，其实一旦觉悟，不好的念头就没有了。这也正是《楞严经》上的"不怕念起，就怕觉迟"。举个例子，看到身边的朋友发展得特别好，赚了大钱，或者当了大官，心里嫉妒。这个嫉妒就不是好现象。刚开始嫉妒别人，这个时候马上想：我怎么可以嫉妒人家，人家的德行那么好，修为那么好，当了大官不好吗？这种好人当了大官，不是可以让很多老百姓受益吗？所以人家当官我应该高兴啊。你看，"不怕念起，就怕觉迟"，用了凡的话叫"才动即觉，觉之即无"。以后大家一定记住，这个治心的方法，特别特别重要。

了凡还谈到，你真正发愿去改过，还需要好朋友帮助，**"顾发愿改过，明须良朋提醒"**。大家想改变自己的命运，做一个堂堂正正的人，做一个有浩然之气的人，那么告诉好朋友：我哪里做得不好，你一定批评我。我建议大家闻过则喜。被别人批评的时候，如果心里还觉得不舒服，那证明我们的心太狭隘了。我们欢迎那种真正的朋友批评自己，指正自己，时常提醒，用了凡的话叫"良朋提醒"。另外，了凡说**"幽须鬼神证明"**，是说在没有人的时候还需要鬼神证明，**"一心忏悔，昼夜不懈"**，就是真正去忏悔，我决心要改，这件事不能自欺欺人。你嘴上说"我要改了"，可内心不是这么想的，那能骗谁呢？那叫自欺欺人！真想自己改变命运，嘴上说的和心里想的要一致，表里如一，知行合一。一个人不可能十全十美，但做人基本的方向是利益社会、服务人民，这就值得肯定。

11. 命运改变后的美好"征兆"

如此努力修行，**"经一七、二七以至一月、二月、三月，必有效验"**，了凡说你真想改变命运，想做一个服务社会、利益大众的人，从心上改，从理上改，从事上改，知行合一，一个星期、两个星期，或者一个月、两个月、三个月，一定会应验。就是你肯定能感觉到你的命运在变化。那么变化表现在哪里呢？**"或觉心神恬旷"**，就是觉得心神特别通达，特别超拔，心胸非常开阔。**"或觉智慧顿开"**，或者觉着自己智慧顿开，很多原来不明白的话，一看就明白，不再愚昧，不再糊涂。**"或处冗沓而触念皆通"**，或者遇到以前读书读不懂的地方，一通百通，一下就都读懂了。**"或遇怨仇而回嗔作喜"**，或者遇到有怨心的人，遇到仇人——用今天的话其实就是有矛盾的人，遇到这种人呢，不仅不生气而且很欢喜。以前遇到跟自己不对付、跟自己有矛盾的人，看见他就生气，因为自己心胸狭窄嘛。可是读了圣贤书以后，你内心懂得这个道理，真心想改，照着圣人要求的去做，那么你心胸开阔了，即便是遇上这种人，心里边也很欢喜。**"或梦吐黑物"**，或者晚上做梦的时候，吐出来的都是肚子里的脏东西，这是吉祥的梦；**"或梦往圣先贤，提携接引"**，如果你梦到孔子、老子，梦到佛陀，梦到观世音菩萨，等等，梦见往圣先贤，这叫夜梦吉祥，好梦；**"或梦飞步太虚"**，或者梦见自己在天空中飞翔，好梦；**"或梦幢幡宝盖"**，或者梦见大家可能见过的有些画上佛菩萨上边那个华盖，梦见宝塔，梦到这类瑞象，好梦。**"种种胜事，皆过消灭之象也"**，在了凡看来，这些梦都意味着一个人的罪业已经改掉了。就是内心的很多污点、人性的弱点改掉了，才会做这种好梦。

但是假如一个人做了这种梦，千万不要骄傲。了凡说**"然不得执此自高，画而不进"**，做了那么多吉祥的梦，你千万不要觉得自己修得可以了。你如果这么一想,坏了,你的功德没有了,骄傲使人落后。所以朋友们,一定不能骄傲自满。当你梦到这些瑞象的时候,你应该更加奋进,更加努力,更加精进才对,千万不能骄傲自满,画地为牢。了凡的这句话,我们要特别注意。以我的经验,物极必反,当你哪一天,生起一丁点骄傲的念头,你的人生必然会遭受挫败。我想强调一下,当一个人取得一点成就,稍微有点嘚瑟,稍微有点张狂,稍微有点骄傲自满,马上就会倒霉。所以说,在改正自己的缺点、把握自己命运的路上,取得一点小成就,绝对不可骄傲自满,务必继续前进。一定要注意这点。

12. 人生走下坡路的表现

了凡说一个人如果走在堕落的路上,是有所表现的。哪些表现呢?比如说"**心神昏塞,转头即忘**",整天走神儿,一有什么事马上都忘掉了。走路都能撞到树上,回家门都走错,或者开车忘了锁门,出门忘了带钥匙,等等,丢三落四。

"**或无事而常烦恼**",本来啥事没有,却老觉得烦恼重重,眉头拧成个疙瘩,仿佛全世界都欠他的钱,这就是有问题了。

"**或见君子而赧然消沮**",或者见到一个真正有修为的人,不高兴,躲着走。正常的人见到高人的时候,心生欢喜,觉得这是积了八辈子德,才能遇到一个水平高的人,要好好礼敬结缘。可是有些人遇到水平高的人并不高兴，说明自己内心不敞亮，说白了，心神都被堵塞住了。

"或闻正论而不乐"，听到一些非常好的道理而不高兴。本来听说一些好道理，比如说我们今天听《了凡四训》，听到云谷禅师讲的那些道理，应该欢呼雀跃：我原来都不懂啊，要不是云谷禅师给我讲，我怎么知道人生是这么回事呢，我怎么知道如何改过，如何改自己的命运呀？《了凡四训》这本书真好！云谷禅师这一番道理，把我心中的疑团都解开了，我内心特别欢喜。这个状态就是好现象。反过来，听说这些好道理，心里觉得很难受，不高兴。比如有的人一听不杀生、不偷盗等各种规矩就难受，他就想：要影响我吃鱼哦，影响我吃乌龟哦。因为不能杀生，他反而不高兴，这就是问题。一个真正有修为的人，应该高兴听到这些道理：原来我杀害了那么多生命，只是为了自己的口腹之欲，实在不应该，今后要多爱护生命，真正响应国家提出的绿色发展和生态文明的理念。有的人不喜欢读圣贤书，觉得其中的道理不真实，这也是大有问题的表现。圣贤书中的很多道理，经过几百年、几千年人类实践的检验，反映了宇宙、社会和人生的真理。如果读了圣贤书，感到很欢喜，觉得内在的境界都提高了，这是一个好状态。曾经有一个年轻人问我：老师，您认为圣贤书讲的都对吗？圣贤们的有些话可能与今天的时代环境不契合，这是正常的现象，但纵观古今，他们证悟的宇宙人生真理，值得我们重视。

"或施惠而人反怨"，如果你对一个人好，别人还埋怨你，说明你自己的修为还有很多需要提升的地方，说明自己的缺点还很多。有这样一个学生，平时很自私，基本不照顾其他同学。有一天他幡然醒悟，突然给宿舍打水、拖地，结果大家都怀疑他到底怎么了，因为这个同学平时表现太不好了。如果他一直坚持下去，过一段时间，大家会觉得这个同学真的变好了，同学关系也会变得融洽。如果做一天好事就期待同学们完全改变看法，这几乎是不可能的事。

"**或夜梦颠倒，甚则妄言失志，皆作孽之相也。**"了凡说整天做梦，胡思乱想，说话颠三倒四、奇奇怪怪，不该说的话乱说，该说的话又没说出来，今天忘这个，明天忘那个，这都是"作孽之相"，都说明自己的缺点太多了，把心智都给蒙蔽了。

所以"**苟一类此，即须奋发，舍旧图新，幸勿自误**"，如果我们遇到这种情况了，也不要怕。怎么办？奋发有为，舍旧图新，千万不要耽误自己的生命。了凡说，当自己出现这种不好状况的时候，没关系，马上就改。譬如昨日有问题就要与它做个了断；今日懂得了道理，当下就改，舍旧图新，绝对没有问题。所以了凡说这些的时候，他实际上都是给人以希望，给人以鼓舞的。任何一个人，无论曾经做过什么，都过去了，"往者不可谏，来者犹可追"，只要愿意觉悟，都可以从当下开始。我们每一个人都要有宽容之心，都要懂得给人机会，给人希望，给人信心，而不能泯灭一个人向善的希望和努力。

到这里，第二部分的"改过之法"就结束了。"改过之法"是在"立命之学"的基础上，告诉我们怎么才能改正自己的错误，提出我们应该具有三心：要有勇心，勇猛之心，当下就改；应该有敬畏之心，对大自然、对天地宇宙，我们都要心怀敬畏，有底线，有操守；要有耻心，要知道羞耻，有些不该做的事做了，我们要感到羞耻，该做的事没做，我们也要觉得羞耻。这就是"三心"。

至于具体怎么改命，了凡指出要从事上改，有些事不该做的不要做，该做的必须做好；还有从道理上改，把道理搞明白，知其然还要知其所以然；最高妙的是改心，一个人从心地上改变了，满心都是正念，都是浩然之气，这是最根本的改变。了凡还举了蘧伯玉的例子。蘧伯玉是东周春秋时期卫国的一个大夫，这个人天天都在反思，时时反省自己哪里做得不好。从二十岁到四十岁天天在改，所以他的地位越来越高，命运越来越好。了凡还举了一些例子证明，一个人如果真正按照圣贤的要求去做，从心地上改，从行为上改，知行合一，那么一个人的身心都会有变化，会觉得心胸开阔、心旷神怡；会智慧顿开，原来不懂的问题一通百通。但是了凡也告诉我们，绝对不可骄傲自满，取得一点成就更要发愤图强。了凡还指出，你如果遇到一些不好的状况，比如你心智闭塞了，比如遇到很高明的人不欢喜，听到了很好的道理心里却很难过，或者给别人一点好处，别人不但不感恩还会指责你，或者做了很多颠三倒四的梦，等等，不要害怕，不要介意。为什么呢？这说明我们的错误，也就是心智里的污点多了一些。正因为如此，了凡说，这一类人才应该发愤图强，舍旧图新，千万不要耽误自己的人生，马上就改。

一句话，只要我们清楚了人生的真相，懂得了人生的道理，就会知道种如是因，必然收如是果。人这一辈子，命运在自己手里。我们不怕有错误，用孔子的话就是"过则勿惮改"，好好反省，发现了错误勇敢地去改，知行合一，说到做到，人人都可以改变自己的命运。

第三训

积善之方

下面我们看《了凡四训》这本书的第三部分,"积善之方"。"积善之方"是针对前面的"改过之法"来说的。"改过之法"是教我们怎么改正错误,而"积善之方"这一篇则是教我们怎么做好事,怎样累积功德,让人生越来越好。

1."积善之家,必有余庆"

这一篇开宗明义:"**《易》曰:'积善之家,必有余庆。'**""易"就是指《易经》,确切地说这里是指解读《易经》的《易传》。《易传》上说:"积善之家,必有余庆。"一个乐善好施,经常扶危济贫、帮助别人的家庭,一定会惠及子孙的。他举例讲:

昔颜氏将以女妻叔梁纥,而历叙其祖宗积德之长,逆知其子孙必有兴者。

这话意思是什么呢？就是颜氏要把自己的女儿嫁给叔梁纥——后来孔子的父亲。颜氏对叔梁纥，包括他祖上的功德都了解了一下。颜家人说，就凭叔梁纥这一家祖上的德行，为国为民做了那么多善事，那叔梁纥的子孙，一定会出大人物。颜氏有一个小女儿叫颜徵在，后来嫁给叔梁纥，生的孩子就是孔子。孔子后来成为中国两千多年以来，能称为"大成至圣先师"的唯一一人。这就叫"积善之家，必有余庆"。

了凡还讲了一个舜的故事。**"孔子称舜之大孝"**，孔子说舜这个人是大孝之人。大家读舜的故事就知道，舜的父亲对他不好，他还有个继母，继母和弟弟一直想害他。可是舜不介意，一如既往地对父亲母亲好，对弟弟好。按照《尚书》的说法，每当父亲、继母想害舜的时候，都没有机会。可每当父亲和继母需要舜的时候，他总是不计前嫌，诚心诚意地孝敬父母。所以孔子说舜是"大孝"。孔子认为这么孝的人，他得到的报答是什么呢？是**"宗庙飨之，子孙保之"**。说大舜这种人，一定有一番作为，后世一定会有人给他建庙，把他奉为圣人，而且子孙绵长。历史确是如此。我们经常说三皇五帝，说炎帝、黄帝，说尧、舜、禹等，他们是我们中华民族的共祖，都是我们应该敬仰的先人。

了凡为了告诉大家积德行善的好处，在书中专门举了很多例子。有些例子在今天看来，有的人可能会觉得不好理解，我们暂且不一一给大家分析。但了凡的意思非常明白，任何一个人的起心动念和言谈举止，任何一个人的所作所为，都会种下"因"，也必然收获相应的"果"，这个"因"和"果"的联系，就是人生命运的轨迹。正因为如此，所有希望自己的生活越来越好的人，希望家庭、工作越来越好，希望孩子有个好未来的人，应该真正做一些利国利民的事，力所能及地为人民服务。乐于助人，甘于奉献，广结善缘，坚守初心，弘扬正气，为自己的人生种下"善因"，才能收获"善果"。

2. 为善必先穷理

把道理讲清楚后，了凡告诉我们怎样才能积善成德，怎么样做才是真正做"好事"。有人可能会说：做好事简单，还用人专门教吗？实际上，很多人恐怕连什么是好事、什么是坏事都分不清楚。

鲁迅先生有一篇文章《琐记》，讲述了他的邻居衍太太的一些事。比如在冬天，孩子喜欢吃冰块，这是容易拉肚子的，自然家长们都非常不愿意孩子偷偷吃冰块。可这位衍太太却决不如此。假如她看见小孩子吃冰，一定和蔼地笑着说："好，再吃一块。我记着，看谁吃得多。"请大家评判一下：严厉的不准许孩子吃冰块的父母，和和蔼的衍太太，哪一个真正为孩子好？在贪吃不懂事的孩子看来，和蔼的衍太太对他们真好，可是冬天吃冰，对孩子的脾胃伤害很大。表面和蔼的背后，实际上是一颗不善良的心。

了凡这个人非常有仁爱之心，为了更好地帮助我们，不厌其烦、详细讲述了一系列积善的事例之后，进一步提醒大家，要行善，一定先下点"穷理"功夫，要明白事理，否则自以为做了好事，可能其实是在"做坏事"。了凡指出"为善穷理"必先分清楚的八种情境：

若复精而言之，则善有真、有假；有端、有曲；有阴、有阳；有是、有非；有偏、有正；有半、有满；有大、有小；有难、有易；皆当深辨。

3. 善有真假

第一个要注意辨别为善的"真假"。有些行为，表面上看着很好，但不一定是真善；有些行为，看上去是打人、骂人，不一定是不善。什么叫真善，什么叫假善呢？了凡在书里举例：一个学生，性格顽劣，如果不严格管理，可能以后会作奸犯科，甚至是违法乱纪，犯上作乱。这个时候老师严加管教，大声训斥，表面上对他很凶，其实是真善，是真为他好。因为只有这样严厉，才能让一个很顽劣的人将习气改过来，使他成为一个遵纪守法、对社会有用的人。但如果有些人表面上很客气，该坚持的原则不敢坚持，该秉公办事的时候畏惧权势，做老好先生，爱惜羽毛，结果自己该承担的责任、该尽到的义务，都回避了，一味地讨好别人，表面上看起来很"和气"，实际上没原则、没坚持、没操守、没底线，这就是假善。孔子曾经称呼那些没有底线、没有原则的人为"乡愿，德之贼也"！

我们做好事的时候，要分清所为是真善还是假善。不能只看表象，我们要真正去考究自己的内心，是不是真正为别人好，真正利益别人？真正为别人好、为社会好，真正让社会和大众受益的，是真善；反过来讲，表面上和和气气的，非常友善，实则害人，绝不可为！

4. 善有端曲

第二个，我们做善事的时候，还要注意"端曲"。什么叫端曲呢？心中纯粹抱着救世济人的情怀，全心全意为别人好的，这就是"端"。端就是端正的意思，就是我实心实意地希望别人好，希望社会好，真正放下自己的小我利益，去为社会服务。那么什么是"曲"呢？有的人爱迎合，社会喜好什么我迎合什么，投机取巧、迎合别人赚得声名，谋取个人的私利。这种人可能也做了善事，但这种善事就不是端，而是曲。纯粹的救世济人就是端；纯粹从内心生起对人的恭敬的，就是端。我们一定要注意，端曲之别，关键在于发心。

比如，有的孩子天生善良，遇到需要帮助的人就热情帮助，没有考虑个人的得失，这就是"端"善。而有的孩子则看到帮助别人可以当上班干部，有助于拿到三好学生的奖状，便故意在老师能发现的时候帮助别人、打扫教室等，这就是"曲"善。

5. 善有阴阳

第三个是善之"阴阳"。什么是善的阴阳呢？就是善有"阴德、阳善"之分。**"凡为善而人知之，则为阳善。为善而人不知，则为阴德。阴德，天报之，阳善，享世名。"**这句话的意思是，一个人做的善事，如果世间都知道，就是阳善，可以"享世名"，世间的人对你竖大拇指。可是如果你做了好事，别人不知道，你默默无闻，这叫阴德。"天报之"，这个时候上天会给你好运气。比如你的子孙特别好，比如你的寿命特别长，比如你生了危重的疾病却奇迹般地痊愈了，等等。

明白了这一点，我们今后做利国利民的事，不要觉得委屈。一个人做一点好事，没人给你送表扬信，政府没有表扬你，当事人也没有回报你，你不要难过，按照中国文化，按照《了凡四训》的说法，这属于阴德。阴德天报之，老天一定以一种恰当的方式报答你。所以老百姓常说"吃亏是福"，其实道理也在这里。吃亏是什么？比如做了好事没有回报，还把自己的事耽误了，这不是吃亏吗？一般人看来，帮助了别人而耽误了自己的事，这不是傻吗？阴德这个概念启发我们，宇宙是能量守恒的，"爱出者爱返，福往者福来"。所以有些人天天算计别人，看起来很聪明，其实是会大祸临头的。真正有智慧的人，要看长远，世间的小聪明对此可就难以分别了。

6. 善有是非

第四个是做善事注意分清"是非"。什么是分清是非呢？《了凡四训》里边讲了个例子：在孔子那个时代，鲁国有一条律法，它规定，如果鲁国人拿自己的钱，把在他国的鲁国俘虏或者奴隶赎回来，政府就会给予一定奖励。这样做既体现了政府的人道，又能够解放劳动力，发展生产。

孔子有个学生叫子贡，很会经商，家庭比较富裕。孔子曾经这样评价子贡：我遇到困难的时候，子贡总是有办法。今天很多人把子贡当作儒商的代表，既有社会责任感，又特别会经商。子贡也拿着自己的钱去赎人，把在他国做奴隶的鲁国人给赎来了。当政府给他奖励的时候，子贡境界高，也不缺钱，他没要奖励。大家觉得子贡怎么样？有的人会说，子贡好高尚。

结果孔子严肃地批评了子贡。为什么呢？孔子说：子贡你做的这个事，有欠考虑。你拿着自己的钱把奴隶赎回来，政府奖励你，你不要奖励，从个人的角度看，似乎很高尚。但因为你开了先例不要政府的奖励，别人也会不好意思要，结果就会导致很多人今后不愿意做这样的好事了。这岂不是因为追求个人的道德修为而妨碍了社会的道义和大家的善行？子贡这样一种行为，表面上做了好事，但产生的影响不好。

　　还有一个例子。有个人叫子路，也是孔子的学生。子路曾经救起一个落水的人。子路奋不顾身把这个人从水里救出来以后，这个人就送给他一头牛，以答谢他的救命之恩。子路很高兴，就把牛牵回家了。一般人看来，子路似乎没有子贡高尚，认为子路救了别人了，不应该收下别人给的一头牛。可是孔子听了很高兴，说，从今以后，鲁国一定会有更多的人起来效仿子路，当再有人掉到水里，或者遇到其他危险的时候，一定有更多的人奋不顾身。为什么？因为救了别人，别人会报答你，这样你还可以有一点收入，这会激励更多的人见义勇为！有的人家里确实困难，他救了别人一命，别人回报给他一点钱物，心安理得拿回家，没有什么不好。所以大家看，孔子这样的圣人，他看问题的智慧绝非世俗凡夫可比。

　　子贡拿了自己的钱赎回奴隶，不要政府的奖励，孔子批评他；子路救了别人一条命，收下别人送他的一头牛，孔子表扬他，这两个故事很贴切地讲清楚了善的"是非"。对此，了凡这样总结：

　　乃知人之为善，不论现行而论流弊，不论一时而论久远，不论一身而论天下。现行虽善，而其流足以害人，则似善而实非也；现行虽不善，而其流足以济人，则非善而实是也。然此就一节论之耳。他如非义之义，非礼之礼，非信之信，非慈之慈，皆当抉择。

一个人的善举，不能光看眼下，更要看其在历史上所起到的作用、产生的效果；不能仅顾及对个人的价值，更要看对天下人的价值。有些行为，看起来很好，实际上产生的效果并不好；也有一些行为，看起来有点不近人情，但对社会、对历史有利，这都需要我们分清楚。不该讲仁义的时候，非要讲仁义；不该讲礼节的时候，非要讲礼节；不该轻易相信的时候，轻易相信；不该仁慈的时候，愚昧地仁慈，这都是有问题的。比如，外敌入侵，杀我同胞，掠我领土，这个时候绝不是双掌合十，念一声菩萨就可以解决问题的。必须用钢铁的手段解决敌人，以杀止杀，才能以威严保卫人民的安全，绝不可有什么"非慈之慈"。

7. 善有偏正

第五个，做善事的时候要注意"偏正"。

了凡先举了吕文懿的例子。吕文懿又叫吕原，浙江人，他是明英宗年间的一个进士，后来做到宰相，人品很方正。他退休以后回到老家，当地有一个小地痞流氓，喝醉酒就骂他，老是找他麻烦。可他心胸宽广，不与其计较。从个人的修为看，这位吕大人没有因为自己当过宰相，当朝的一品，就耀武扬威，而是容忍了这个无赖的行为，可谓肚量很大。后来这个地痞流氓，越来越嚣张，最后作奸犯科被判死罪入狱。这个事出了以后，吕原心里有些后悔，心想：当初他在我家门口骂骂咧咧的时候，我应该去训斥他，管一管他，也许不至于他后来越发嚣张，发展到作奸犯科，罪大恶极，最后被判死罪。这就叫什么呢？**"以善心而行恶事"**，就是好心做了坏事。

但是也有人**"以恶心而行善事"**。书中讲了这样一个故事：某一个大富豪，家里特别有钱，粮食特别多。有一年气候大旱，粮食歉收，很多老百姓没饭吃，于是有些人到富豪家里抢东西。富豪就到县衙告状，县官不理他。说白了就是地方政府没管。这个富豪于是就组织了一帮家丁，当贫苦的饥民到他家里抢东西的时候，他将其抓起来羞辱责罚。结果因此阻止了这帮饥民趁机犯上作乱，避免了引起更大社会动乱的可能。也就是说，这个富豪因为他的恶念，防止了更大的暴动。这个富豪不仅没有帮助穷人，而且打压乱民也是为了保卫自己的财产，这毫无疑问是为富不仁。但是，如果饥民不加约束，一旦发生暴动，便会伤及无辜，造成社会更大的动乱。这个富豪的恶心客观上起到一个好作用。这就叫"以恶心而行善事"。当然，更圆满的是富豪乐善好施，接济穷苦人家，而且教育好饥民不要作乱，否则会给社会带来更大痛苦，显然这个富豪没有这个境界。

需要说明的是，理解这个故事，一定要结合当时的社会背景和价值观。如果是在近代中国，贫苦农民团结起来，敢于抗争，在先进思想和党的领导下推翻旧制度，建立新制度，这就是进步的。但了凡所讲的故事，显然不适合这样分析。

什么叫"偏正"？**"善者为正，恶者为偏。"**这个"偏正"要仔细分清楚：即便是好心，也可能做坏事，这个偏，叫"正中偏";而有的是恶念却行了善事,这是"偏中正"。正和偏的问题,我们一定要注意区分。

8. 善有半满

第六个,做善事还分为"半和满"。在半和满的问题上,《易经》有一句话,**"善不积,不足以成名;恶不积,不足以灭身"**。在现实中,我们会发现有些好人,似乎过得也不好;一些恶人,似乎也没有倒霉。但《易经》里都解释清楚了:一个人做一次坏事,不是马上就会倒霉;一个人做一件好事,也不是立马就能飞黄腾达。"善不积,不足以成名",一个人做善事,不到量变引起质变的时候,显示不出来做好事的效果;"恶不积,不足以灭身",一个人做坏事,不到一定程度也不会就家破人亡,因为还不到那个份儿上。实际上就是说量变到一定程度,才会引起质变。

书里举了个例子,说明什么叫半善,什么叫满善。有一个女孩子,到寺院去给母亲祈福。在祈福的时候,想给寺院施舍点东西。她很穷,但是把身上仅有的两文钱全部捐给了寺院。方丈很感动,就亲自给这个女孩子的母亲做法事祈福。后来,这个女孩子被选到宫里,做了皇妃。做了皇妃以后她就想,看起来求佛有用哦,捐两文钱就成了皇妃。于是她带了千金再次来寺院,请求方丈亲自给她祈福,希望能在佛菩萨的加持下当上皇后。结果方丈不理她。她感到很奇怪,就问方丈:我以前只捐两文钱,您就亲自帮我，这一次我捐了那么多钱，您为什么反而不帮我了？方丈就找人转告她：你当初穷得只有两文钱，你舍得把它全部拿出来，那一念真诚打动了我，我不亲自帮你祈福不足以回报你的真诚。可是你现在做了皇妃，却摆着架子耀武扬威，虽然一掷千金，可是你已经有了狂傲之心，已经不是那么诚心了。你拿的钱虽多，但远不如拿出两文钱的时候那么真诚，所以我找人代劳足矣。这就是**"此千金为半，而二文为满也"**。千金为半善，就是说缺少了至诚之心，这个善行并不圆满。而那个两文钱却为满善，因为为了母亲的健康，一念至诚！所以想跟朋友们说：有些人想做点儿好事，可又觉得自己不是大富大贵，怎么做善事啊？《了凡四训》告诉我们，做善事不在于钱多钱少，关键看存心！有的时候你捐一分钱，带着至诚至善之心，希望社会好，都是功德无量的。比如哪个地方发水灾了，哪个地方遇到地震了，我不富裕，就拿出一块钱，这一块钱和有钱人拿一亿一样值得尊重。捐钱当然有多有少，因个人的情况有所差别，为民利他的心却没有高低贵贱。只要力所能及，都值得我们肃然起敬。有的人高高在上，摆着架子，装着样子，即便拿出一万块钱、十万块钱，由于那个傲慢之心，恐怕都没有有的人一块钱功德大。所以朋友们，不要以为条件不好就不能给社会做贡献，有的时候一个劝告、一个微笑、一句安慰，或是给人家提供一点儿解决问题的办法，都是了不起的，只要你有至善至诚之心。

书中还讲了一个八仙的故事。汉钟离曾跟吕祖（吕洞宾）说：我今天教你一个法术，叫"点石成金"。比如你有一块铁，我教给你一个咒语，你一念叨，铁可以变成金子。吕洞宾问：你教给我这个道法，我把铁变成金子，它将来会不会再变回铁呀？汉钟离就说：会的，五百年之后，这个金子会重新变成铁。吕洞宾听了以后就说：这种法术我不学。为什么呢？因为如果我今天为了帮助一个人，把铁变成了金子，可是五百年以后，谁拿着这个金子时，它忽然变成了铁，我岂不是害了五百年之后的那个人吗？汉钟离听了以后就很感慨很赞叹，他对吕祖说：修仙要积三千功行，但是就你这一个念头，那么设身处地地替别人着想，三千功行已经圆满了。

所以我们这一生，有大能力的做大贡献，有小能力的做小贡献，只要怀着至善至诚之心，无论贡献大小，都特别重要。我们中国人特别讲真诚，一个人真，就不是假，诚就是表里如一，嘴上说的和心里想的是一样的，这个功德就不得了。所以周总理为什么那么伟大？"为中华之崛起而读书"，不是家里人教的，不是老师教的，是他真心这么想，了不起！为人做事，一定要发至善至诚之心，这就是满善；反过来讲，存心不是很真，仅仅有善行，那就是半善。

9. 善有大小

第七个，了凡还提到善有"大善、小善"。什么是大善，什么是小善呢？书中举了一个例子，我们今天姑且把这个例子当故事听，它很有教育意义。宋代有一个官员叫卫仲达，他死后魂魄被勾到阴曹地府。阴曹地府的判官于是要把他这一辈子做的事比量比量。就是算算你做的好事有多少，坏事有多少。结果经判官一审，好家伙，卫仲达恶事的卷册把院子都占满了，而他做的好事很少。卫仲达很奇怪，他就问这个判官："**某年未四十，安得过恶如是多乎？**"不对呀，我还不到四十岁，怎么做了那么多坏事啊？我觉得没那么多啊。这个时候判官告诉他，你见到钱就想贪，尽管没把钱拿到家，但你动了贪念，老天已经记下来了；你见到美色就动心，你可能没有吃喝嫖赌，但是你动淫心了，记录就有了，这就是"**一念不正即是，不待犯也**"。我们看了这个故事，就会知道中国文化对人道德的要求是很严格的。一个人不要说做了坏事，就是动了坏念，已经算是把恶业给造下了，一念不正就是恶，根本不用等你去作恶。所以你看看，这么多的恶事记录，没有冤枉你。

可是当判官去称量的时候，却发现这么多恶事，分量很轻；好事虽然不多，分量却特别重。卫仲达也觉得奇怪：我做的好事看起来不多，可是它为什么那么重呢？判官拿来善录簿一看，发现卫仲达在任时，有一次朝廷要兴修一个大型的工程，这样的工程，不免劳民伤财，不知道要花多少民脂民膏，让多少老百姓受徭役之苦。卫仲达生了恻隐之心，他很真诚地向皇帝上了个奏折。他说：我心里很难过，我希望皇帝顾念天下的苍生，这个工程暂时不要修了。这个奏折呈上去以后，朝廷并没有采纳他的建议，工程还是修了。但是判官告诉他：你上这个奏折，是为天下苍生考虑，是为了让天下苍生得到利益，尽管这个事没办成，可是你有这个心，就这一个善念头，意义重大，很有价值，千百件坏事，都没有这一件事重要。如果皇帝真听了，那你的功德更大了。"故志在天下国家，则善虽少而大。"

由此我们就想到，所有做公务员的人，好比你是县委书记、市委书记或者省委书记，或者更高的领导，如果你的念头一动：我要为黎民苍生去考虑，我真心想造福广大劳动人民，你这个念头，积下的功德是无量无边的！所以我觉得做公务员的朋友太幸福了！正因为你权力在握，像卫仲达一样，如果你顾念天下苍生，利益劳苦大众，你动这一个念头的时候，就有那么大功德。如果你制定政策时，设身处地替老百姓着想，那必然是"积善之家，必有余庆"。不仅自己在这个位置上平平安安，得到人民的拥护；你的子子孙孙，都会因为你的这份功德而受到庇护。像孔子、范仲淹等，他们的家族多少代以后仍然受到人民的尊重。所以大家一定要记住这个"大善、小善"。

10. 善有难易

第八个，也是最后一个，为善有"难易"。有些善很简单，比如举手之劳做一件好事，这就是易。什么是难呢？书里边也讲了个故事。有一个人，家庭比较富裕，还心地善良，他一直帮助穷人。有个穷人在交赋税的时候有困难，他就帮这个穷人把赋税给交了。这个穷人怎么报答这个富人呢？就要把自己的女儿送给这个有钱人。大家知道古代不是一夫一妻制，有钱人纳妾当时是常见现象。但这个富人很真诚地告诉穷人：我看你们家困难，真心帮忙，不为别的，可不是希望你这样报答我。你把小女儿嫁给我，这不合适。而且我年纪大了，会耽误孩子的一生。了凡就讲，这种功德特别大。为什么？因为这个事做起来不容易，因为"饮食男女，人之大欲存焉"，男女之欲，是人性中一个很大的欲望，在当时不违背理法的情况下，别人为报答你，把他的小女儿送给你当妾，这种事能够拒绝是不容易的。所以了凡说，不容易做的善事，你做到了，你更了不起。

也就是说，好事越难做，你做得越不容易，功德越大。我们中国历史上，像文天祥、岳飞、谭嗣同这样的人物，他们为了国家把生命都奉献出来了，这叫"杀身成仁，舍生取义"。我们一般见别人困难了，捐一点钱，国家需要了，多交一点税，这都是可以做到的。可是为了国家民族的利益，真正能够舍生忘死，这非常不容易！正因为不容易，所以文天祥、岳飞、谭嗣同等人，格外了不起，永留史册！我们读历史，应该向这些为民族做出重大贡献的人表示敬意。再比如孔子，他把鲁国大司寇、代理国相的位置放下，凄风苦雨，周游列国，整整十四年，颠沛流离，有的时候困于陈蔡之间，差点连命都丢了，就是为了拯救这个春秋乱世！面对春秋人心乱掉的局面，孔子要收拾人心讲仁义道德，这是另一种伟大。一个非常难做的好事，他一往无前地去做了，了不起！所以他的功德也就非常大。

11. 改变命运人人可行

把什么是真正的"善"分析完之后,接下来了凡在书中告诉了我们简便易行的行善方法。了凡说,随缘济众,帮助他人,种类很多,但总结起来主要有十条:

第一,与人为善;第二,爱敬存心;第三,成人之美;第四,劝人为善;第五,救人危急;第六,兴建大利;第七,舍财作福;第八,护持正法;第九,敬重尊长;第十,爱惜物命。

大家看看这十条,简便易行,贴合实际,值得我们好好思考,更应当作为我们的人生指南。我相信大多数人都愿意做好人,那些天生就特别邪恶、喜欢伤害别人的人,应该比较少。更进一步,当一个人从心底愿意做一个好人,做一个被社会称赞的人,做一个被别人尊重的人,那么究竟怎么去做呢?《了凡四训》说的这十条,有很现实的意义。我们在为人处世中要努力践行,做到知行合一。

下面我把主要的给大家解释一下。

第一,与人为善

什么叫"与人为善"呢?就是我们在为人处世的细节里,处处为别人着想,别人遇到困难就帮一把、拉一把,别人遇到困惑了给人分析分析，如此等等。更进一步，看到别人做好事，愿意成全他，和他一起成事；或者自己做好事，还能呼吁引导更多的人一起做好事，这都是"与人为善"。

比如一个公务员，知道掌握了权力不是为了彰显自我，不倚仗权力"吃卡拿要"，不搞权钱交易，而真正用权力来帮助老百姓，就是"与人为善"。比如一个老师，当他面对的年轻人有太多困惑，不知道人生的方向，甚至有的人世界观、人生观、价值观有问题，心中没有是非对错，爱虚荣攀比，这个时候作为老师应该帮助他找到正确的三观，让孩子找到正确的人生方向和价值标准，知道一个人应该怎么活，这都叫与人为善。再如一个人经营企业，绝不唯利是图，而是既想办法赢利，同时又有社会责任感，不仅对员工好，照章纳税，而且一旦国家有了灾难，甘于奉献，这也是"与人为善"。一句话，与人为善就是处处乐于助人，乐善好施。希望我们每一个人都做一个与人为善的人，不管是公务员、工人、农民，还是学生、知识分子。不管我们是哪种身份，处处力所能及地帮助别人、成全别人，这都是"与人为善"。

第二，爱敬存心

待人接物，要有恭敬之心、仁爱之心。对万事万物，要有恻隐之心、怜悯之心。我们对天有敬畏之心，对老人、对孩子有仁爱之心，对社会有责任感，这叫"爱敬存心"。世界上没有无缘无故的好运，也没有无缘无故的倒霉。一个人的好运气，很多都是来自自己对别人的尊敬和帮助；反之，一个人的恶缘，很多来自自己的狂傲和对别人的不屑。如果希望自己有更好的发展环境，平时对万物都要爱敬存心，对大自然、对生命、对他人、对老人、对孩子、对社会、对国家等等，都要有爱心和责任心。爱敬存心，在不知不觉中，能让我们结很多善缘，躲避很多灾祸，希望大家听得进去。

第三，成人之美

什么叫"成人之美"？孔子讲"君子成人之美，不成人之恶"。一个人做坏事的时候，作为身边的人要提醒他，制止他；一个孩子要走岔道了，当老师的要教育他，这叫不成人之恶。一个人要想得到好的发展，有美好的追求，想为国家和人民服务，我们就力所能及地帮助他。如果一个年轻人特别有抱负，追求进步，而且内心纯正善良，我们要提携后人，甘为人梯。我们希望那种有抱负、有情怀、有操守、有使命感的年轻人得到更好的发展，因为他们发展得好，对国家、对人民都是好事，我们乐于成全他，这叫"成人之美"。

第四，劝人为善

引导人们向上向善，这是很大的功德。一个人的力量是很有限的，引导、团结更多的人为国家服务，造福人民，才能产生很大的力量。我们要教育或者引导更多的人做善良的人，做与人为善的人，做利益大众的人，做服务社会的人。如果我们有大能力，就去影响更多的人；有小能力，就去影响小部分人；即便是最平凡的老百姓，至少可以教育自己的子孙做一个堂堂正正有浩然之气的人，这就叫"劝人为善"。知识分子有很多使命，传承文脉，重塑国魂，接续道统，等等，其中之一就是劝人向善，引导更多的人热爱国家，热爱人民，奉献人生，形成众志成城的历史洪流，推动我们国家的进步和发展。

第五，救人危急

古语说雪中送炭比锦上添花好，因为那是在人最需要的时候伸手救援，可谓人生大恩。有的时候，几百块钱都能救人一命。有的孩子上学就差那几百块钱、几千块钱，这种时候伸出援手，会影响他的一生。每一个人的实际情况不同，能力有大小，在别人遇到危机的时候，力所能及的帮助，都特别伟大。中国文化里有一个词：感同身受。我曾经有过特别困难的时候，几十块钱都拿不出来，甚至只能节省一点吃饭的口粮。正因为如此，我们才能更好地体会那些需要帮助的人的心情。当然，对一个人真正的帮助，绝不是给一点外在的东西可以解决的，而是要激发他自身的内生动力，使其自强不息通过自己的努力改变命运。但不可否认，在特定的时候，外在的帮助可以救燃眉之急，这正是"救人危急"的价值。

第六，兴修大利

在古代，政府没有很好地承担公共建设的责任，导致很多地方交通不便。这个时候，有一些地方的大善人，或自己出钱，或集资募款，或出力出工，架桥铺路，给人们出行提供方便，这就是"兴修大利"。新中国成立以来，也兴修了很多水利工程，比如河南的红旗渠、湖北的丹江口水库、北京的密云水库、南水北调工程，等等。这些水利设施和工程，造福了亿万的人民群众，功德无量。直到今天，有些山区还有交通不便之处，如果有人帮一下，可以让孩子上学更方便，老人出行更安全，老百姓生活更便捷，这也是"兴修大利"。兴修大利，不仅表现为具体的某一个工程，更是一种善意。当我们从事公共建设的时候，在确保工程质量的同时，总是考虑周全，设身处地考虑残疾人朋友、老年人朋友等的需求，让每一人都受到尊重，得到照顾，这就是"兴修大利"。

第七，舍财作福

舍财作福，主要讲的是布施的智慧和功德。一个人有了钱以后，不是光自己吃喝玩乐，而能惠及社会，就是舍财作福。财富从哪里来？归根结底来自人民的创造，属于社会。自己改善生活，没有问题，但让钱发挥更大作用，帮助更多的人，这是更大的智慧。

福耀玻璃的董事长曹德旺，曾经在采访中这样说：一旦企业做到一定程度，就要对历史负责，对国家负责。我想给企业家做一个典范，就是让大家看看，中国的企业家应该怎样做人，应该怎样承担社会责任。美国打压中国的发展，导致我们国家有一些技术被卡脖子，他拿出 100 亿准备建立一所大学，培养国家最需要的技术人才。可以说曹德旺是值得我们尊敬和学习的企业家。他的初心，他对中国的责任感，他甘于奉献的精神，都是我们学习的榜样。

赚到的财富，除了改善自己的生活，更进一步勇于承担社会责任，帮助更多的人，这样反过来又得到社会的认可，得到党和政府的支持、人民的称赞，为更好的发展赢得更好的条件，这就是"舍财作福"。

第八，护持正法

什么叫护持正法？就是弘扬正能量，护持和成全那些对国家、对人民有益的优秀文化传播。大家知道，任何一个社会都有各种理论，各种观点。有的人说得冠冕堂皇，实则讲的都是错误理论，引导人走向偏路，让人变得狭隘、偏激。也有不少异端邪说，对人精神控制，从而骗财骗色。尤其是在互联网的时空环境，各种观点容易传播，面对各种媒体、自媒体的各种声音，更需要我们有分辨能力。

面对舆论、文化、理论的各种乱象，我们要认识到错误的理论、观点、价值观不仅祸害人心、误导社会，甚至还会有更严重的危险，因此要高度重视这个问题。如何解决呢？国家层面要加强立法，严格管理，确保错误观点没有发声机会；而从社会的角度，我们要看到文化和思想的问题，不能仅仅依靠简单的打压，更要扶正固本，真正扶持、支持和发展那些有益于国家、有益于人民、有益于社会进步的优秀文化的传播。只有全社会充满正气，正确的理论武装了人民大众，错误理论才没有占领人民群众的机会。只有扶正固本，才能邪不可干！

就好比田地长满了庄稼，杂草自然少；庄稼长不起来，定然杂草丛生。如果我们这个社会讲正确理论的人越来越多，都讲全心全意为人民服务，讲舍己救人、服务社会、利益大众，引导大家变得宽广、博大、仁爱、厚重、高远，那么我们有理由相信那些自私的、狭隘的、偏激的、极端的东西会越来越少。因为老百姓有了正确的见解，有了判断是非的能力，那种杂七杂八的言论，它的市场影响会越来越弱。这就叫"护持正法"。

护持正法和我们每一个人的生活息息相关。护持正能量的人越多，社会越有序，老百姓便能安居乐业，各安其本；否则各种邪说扰乱人心，年轻人不知道是非，国家一乱，受苦的还是老百姓。人心乱，国家就会乱，一定要护持正法，让那种博大的、高远的正知正见发挥作用，去影响更多的人。

第九，敬重尊长

家里的长辈以及其他年事高、德行高、识见高的人、社会上有名望有影响的人，都是尊长。如果盘点别人对我们的影响力，尊长对我们的影响很大。敬重别人，是一个人最起码的修养，对尊长我们更要懂得敬重。

对父母长辈的孝敬，是一个人美德的根基。正是在这个基础上，才能进一步培养出一个人对国家的热爱，对国法的敬畏，对职业操守的坚持，等等。在尊长面前，不可没大没小，不可目无尊长，更不要事事做刺头，彰显自己的存在，而不体谅别人的感受。

更进一步，我们不仅要尊敬自己的长辈，而且要扩大胸襟，"老吾老以及人之老""幼吾幼以及人之幼"，只有这样，才有气魄和格局做一番大事业，才能得到尊长的指点甚至是提携。

第十，爱惜物命

什么叫爱惜物命？先说物。有的人觉得家里钱多，吃一顿饭本来两百块钱就能吃好，非要花几万。要知道多少人饭都吃不饱，如果把这些钱捐给那些穷人，捐给那些需要帮助的人，这是多好的事情，多大的功德！结果自己浪费了，这就是不懂得爱惜物。

当然，今天大家普遍有饭吃，物质富足，对热爱劳动、节约粮食之类的话不太能够理解。但请大家注意：不要以为当下天天有饭吃，就本该如此，而且也会一直如此。根本不是！我们曾经有过饥不择食、食不果腹的时代，限于气候、环境等因素，也不敢说今后每年都是粮食大丰收，每天都有饭吃！希望每一个人懂得珍惜生活，珍惜粮食，热爱和尊敬劳动人民！

什么叫爱惜命呢？有的人好杀生打猎，甚至看到猎物垂死挣扎的那个样子才快乐，这不是好事。现在国家提倡生态文明，实际上也是中华民族护生爱生的一种当代体现。

孟子在讲到人之所以是人的时候，讲到人有四心：恻隐之心、是非之心、礼让之心、羞恶之心。恻隐之心，某种程度上就表现为对天下众生的怜悯。任何一个生命，包括牛羊等，成长起来都不容易，都是血肉之躯。面对杀生，我们一般会很自然地生起悲悯之心。我上大学的时候，学校西门口有一个宰牛宰羊的屠宰场。实话说，我不太敢正面去看，因为当一头牛被宰杀，人们用绳子把它拉倒在地上，把它的头给切掉的时候，心里多少有些难受。还有羊，当屠夫抓住那个羊头，拉过来要对它进行宰杀的时候，羊会变得非常麻木，让它干啥它就干啥，特别可怜。所以希望大家对任何生命，都心怀悲悯，有恻隐之心。

爱惜物命，包含了我们对劳动的尊重，对劳动人民的敬重，对天下苍生的爱护。如果经济条件好，在自己过好的基础上，不铺张浪费，且能够帮助别人，也为自己积累了功德。任何一个生命，都会疼爱自己，蝼蚁尚且贪生，尽可能不要伤害无辜生命。

《了凡四训》中讲的积善之方，总共列举了这十个方面。这虽然是了凡几百年前讲的，但今天仍有其现实意义，应该成为我们人生的指南，在生活中力所能及地去践行。如果能把这十条记在心里，落实下来，从小处说，这个人一定是一个好人，一个善人；从大处说，如果人人能如此，全社会养成崇德为善的风气，我们这个民族的气象一定会生机勃勃，我们的社会一定会成为让人尊重的，互相成全、互相帮助、路不拾遗、夜不闭户的理想社会！

在现实中，很多人老是抱怨社会风气不好，抱怨这样那样的问题，但在指责别人的时候，你有没有低着头问问自己：我自己又如何？我为他人、为这社会做了什么？很多人都善于指责别人，却少有人像孔子说的，"君子求诸己"，反问自己"我做到没有"。一个人的成功，需要具备各种主客观条件。外部的环境，我们虽可以慢慢地改变，却不是我们能够左右的，因此多从改变自己的角度努力，才是智慧的做法。当自己改变的时候，外部的环境也会逐渐地发生变化，这是君子求诸己的真正内涵。

12. 仅仅善良就可以吗？

当我们观察社会的时候，会发现生活中有些善良的人，并不是事业有成，也非集万千宠爱于一身，不少人还是过着最普通的生活；相反，一些看似人品不怎么好的人，却顺水顺风，事业风生水起。因此人们会问：做好人有啥用？甚至认为做好人还要倒霉，我干吗还要做好人呢？对这样的误解，我想应该回应，以正视听！

任何人的一生，做任何一件事，如果想取得成功，都需要众多的条件。诸如人品好、与人为善，这是取得成功的重要条件，还需要做人做事的智慧、客观全面分析实际情况的能力、带领团结大家的能力，其他诸如运筹、规划、组织、协调的能力，还有引导力、领导力、执行力等等，都是事业能够不断成功的重要因素。其中，人品好只是最重要的条件之一，如果希望自己有更大的发展，必须既注重德行的提高，也要注重全方面能力的培养，这样才有驾驭各种局面的能力,乘风破浪,不断前行。

可是,在中国文化的典籍中,为了把某一方面的问题说清楚、说透彻,往往会强调这一方面,而对其他的因素缺少足够的论述,从而引发人的误解。比如在中国的很多典籍中,特别强调德行的重要性,认为厚德才能载物,修身为本,这都是非常正确的看法,但德行之外,我们也绝不应该忽视,人还需要全面的提高。否则,一旦有些人理解片面,做了没有智慧的好人,容易引发东郭先生的悲剧。这必须引起我们的重视。

大家都读过东郭先生的故事。有一次,东郭先生用毛驴拉着几袋竹简行路,忽然后面追来一只狼,哀求东郭先生救它。东郭先生没有识别好坏、危险的能力,只有一颗善良之心,于是把狼装进袋子里。当猎人追过来,问东郭先生是否看到一只狼,东郭先生说没有看到。等猎人远去了,东郭先生把狼从口袋里放出来,这个时候狼凶相毕露,说:既然做好人,就好人做到家!我已经饿坏了,我要吃了你!东郭先生吓得心惊肉跳,围着驴车躲闪。这个时候,来了一个农民,问究竟怎么回事。东郭先生一五一十地把前因后果告诉了农民。但狼狡辩道:东郭先生把我闷在袋子里,差点闷死我,所以我要吃了它。农民听了,假装不相信,让狼钻进袋子里试一试。等狼钻进了袋子,农民立刻拿起锄头把狼打死了。

故事很简单,但道理很深刻。东郭先生单有一颗善良、慈悲之心,不能明辨是非善恶,结果险些被狼吃掉。做人善良很重要,但远远不够,必须做一个善良、有智慧、有能力的人,才能真正做成利国利民的事业。否则，一旦善良和愚蠢相遇，必然出现人生的悲剧。

一个学生曾经跟我诉苦：中国文化强调善良的重要性，可他的父亲虽然是一个好人，却被人蒙骗，经商一败涂地。他于是强烈地怀疑做好人的意义和价值。我告诉他：一个成功的商人，需要遵纪守法，诚实守信，这是人品方面的因素，没有这个绝对不行！可是如何识人用人，如何分析国家形势、市场大势，如何做好企业管理、市场运营，等等，绝不是单凭一个"好人"就可以迎刃而解的，需要方方面面提高自己。这位学生的父亲，人品好，为人善良，这是巨大的优点，但没有识人用人的能力，一再被骗，这不能归咎于其为人的善良，而只能说明单具备善良的品质还远远不够，必须全面提高自己。

《了凡四训》这本书再三强调积善行德，应该说抓到了根本之处，但我们必须明白：一个人德行好，实际上为走人间正道提供了方向盘，或者说提供了正确的价值判断和取舍标准，但工作、生活、创业等过程中面临的各种复杂问题和挑战，还需要各种能力的不断磨砺和提高。如果只有善良，离做成一番事业的距离还很遥远，对此我们必须保持高度清醒。也只有这样，才能正确地阐释中国文化典籍的智慧，才能不误导大家。

总结起来，《了凡四训》告诉了我们命运背后的逻辑和秘密。如果我们人人都懂得了这本书中的道理，并能够认同这些道理，力所能及地去做，相信好人会越来越多，老百姓素质会越来越高，社会风气也一定会越来越好，中华民族一定会永葆生机。

第四训

谦德之效

这是《了凡四训》的第四部分，也是这本书的最后一部分。"谦"就是谦和谦卑的谦。谦德之效是告诉我们，如果一个人特别谦卑或者特别谦和，他的人生会有什么样的好处，他会得到什么利益。人人都希望多一些顺利，少一些困厄，那么这一部分就告诉我们一个方法。

1. 谦卦："六爻皆吉"

中国的《易经》是一本古老而神奇的书，它里面有八个最基本的卦，这八个卦分别对应着八种自然现象，就叫"卦象"。卦象思维是《易经》的一种特色，当然"卦象"是包罗万象的，可以延伸到人类、自然等各个领域。在《易经》的六十四卦中，有一卦叫"谦卦"。这个谦卦是什么卦象呢？八卦里有一个卦叫

"艮"卦,其卦象是"山";还有一卦叫"坤"卦,其卦象是"地"。这个谦卦的卦象,上面是地,下面是山,叫**"地山谦"**(䷎)。请问,一般人的观感,山在哪里?山高高矗立在大地上,可是这个卦象恰恰相反,上面是地,山在下边。也就是说本应该高高在上的大山,恰恰隐伏在地的下边,这一卦就叫"谦"。这个卦象,生活中我们怎么引申它的内涵呢?其实"大地"就是人民,是广大的老百姓;而那个"大山"好比官员。官员只有在人民的下边,才是谦。也就是说越是高高在上、身居要位的人,越是所谓成功之人,就越应谦卑,懂得尊重人,对老百姓、对普通人好。这就是谦卦的文化内涵。

《易经》里首先讲谦和的德行所带来的好处:**"天道亏盈而益谦。"**大家看身边的人,有些人看上去家庭经济条件等方方面面都很好,但如果仔细观察,就一定会发现也有不圆满的地方。而有些穷苦人家,看起来生活不容易,但也有让他们充满希望的地方。有人说寒门难出贵子,这话是不准确的。事实上,有些家庭虽贫困,但父母做人诚恳忠诚,孩子往往很优秀;有些家庭条件很好,但孩子未必出类拔萃。天道在平衡一些东西,你这一方面好一些,另一方面就弱一些。什么都圆满,花好月圆,在人间几乎没有。懂得这个道理,就会知道不圆满就是人生,缺憾就是人生,对人不可求全责备,要认可平凡,接受现实,无论是顺境、逆境,都乐观生活,积极进取。

《易经》又讲**"地道变盈而流谦"**。这个"地道",我们来打个比方,山特别高大,下雨的时候,水从山体流下来,把土石冲刷到低洼的地方，让那些低洼的未曾盈满的地方得到充实。就是说，自然界会让能量从盈满的地方流向低洼的地方。再比如，下雨的时候，当一个水坑水满了，再有雨水落进去，水就会溢出，流到其他还没满的地方。也是这个道理，这叫"地道变盈而流谦"。

《易经》又讲，**"鬼神害盈而福谦"**。说鬼神会让那些很自满的人、很狂傲的人、很张狂的人倒霉，让那些很谦卑的人有福，这就叫"鬼神害盈而福谦"。

《易经》最后讲，**"人道恶盈而好谦"**。我们一般的芸芸众生"恶盈"，就是老百姓特别讨厌嘚瑟的人。有些人有一点成就，尾巴就翘到天上去了，让人不舒服，那他恐怕也快倒霉了。因为老百姓是"恶盈"的，讨厌那些张狂的人，讨厌那些狂傲自满的人。而老百姓喜欢什么？"好谦"！人们大都喜欢那些谦卑的人。有的人无论有多大的成就，永远知道自己不足，无论有多少财富，永远懂得乐善好施，这种人，老百姓喜欢，这就叫"人道恶盈而好谦"。了凡这样评价谦卦：**"谦之一卦，六爻皆吉。"** 就是说《易经》里的六十四卦，谦卦的六爻都很吉祥。

2. 嘚瑟是倒霉的前奏

袁了凡说："**《书》曰：'满招损，谦受益。'**"《尚书》里说，骄傲自大就会倒霉；谦卑随和，就会得到利益，这就叫"满招损,谦受益"。了凡这样印证《尚书》的话:**"予屡同诸公应试,每见寒士将达,必有一段谦光可掬。"** 我参加过很多次考试,我发现一同考试的人中,那些即将发达的穷人家的子弟,他们有一个共同的特点,就是特别谦卑,对人特别友好。据此,了凡就大致能预料到这种人会取得好成绩。

有生活经验的人都会发现:物极必反,月盈则亏,水满则溢,这是宇宙、社会客观存在的规律。无论是人的一生,还是我们生活的这个世界,有一个雷打不动的规律,那就是"人生抛物线"。大家学过数学,抛物线一旦到了顶端,一定开始走下坡路。当一个人哪一天开始嘚瑟、轻狂,觉得自己了不起,开始翘尾巴,看不起别人的时候,人生和事业的顶端就到了!一定会走下坡路。"满招损,谦受益"就是"人生抛物线"。这一辈子要留心自己的起心动念,无论多大的成就,不管当多大的官,不管赚多少钱,永远不可嘚瑟,永远不可张狂,永远不可飘飘然,永远不可翘尾巴,永远要知道我有很多缺点,永远要知道反省自己。永远要知道自己当的官再大,也得给人民做事;自己赚的钱再多,也要懂得施舍,叫舍财作福。能力越大,责任越大,越要为社会做贡献。很多人有一点小成就就张狂,不知道自己吃哪碗饭,迷失了自己,从而招来一个又一个灾难,甚至是身陷囹圄、家破人亡,现实中这样的例子太多太多了!

水满则溢,月盈则亏。一个人千万别这样想:我混得不错哦!只要有一丁点这样的念头,你的事业就容易开始走下坡路,你恐怕就会遇到风险,就会倒霉。大家一定要懂得这个道理，要永远有一个念头：我有很多很多的缺点，我有很多很多的不足，我需要向很多很多人学，向领导学，向同事学，向人民学，在实践中学。常怀反省之心，常怀学习之心，这一点特别重要。

3. 乾卦的人生哲学

谦德之效，实际上是告诉我们一个人应该有的态度。有的年轻人曾经问我：做人就要自信，要争强好胜，为什么非要谦卑随和不可？这是年轻人的误解。

一个人的成功和发展，离不开大家的观感和评价。绝大多数的人，都不喜欢张狂的人，不喜欢自以为是、唯我独尊的人。更深一步，一个人一旦骄傲自满、张狂自大，也就失去了自我反省和不断学习的能力，对主客观的环境认知必然出现偏差，倒霉的事情也自然会发生。这就是中华文化强调做人谦和的原因。一个人要自信，要有担当精神，这和做人谦和并不矛盾。自信和敢于承担，这是一个人内在的东西，但待人接物应该谦和，懂得尊重别人。内在的自信、担当和对外的谦和、礼敬有机结合起来，不是更完美吗？

乾卦里第一个爻辞"潜龙勿用"，说一个人哪怕是真龙天子，真是大个人物，也千万别张狂，要"潜龙勿用"。有的人自以为了不起，觉得小水池养不了他这条大鱼，百般不服气，不甘心在平凡的岗位上努力,甚至通过僭越来彰显自己的存在感。这种做法的结局,基本上都是折戟沉沙,梦断于折腾和不老实。一个真正有智慧的人,即便有天大的才能和抱负,也能稳稳地安住当下,素其位而行,无论多平凡的岗位,都能认认真真地做好,从中吸取营养,促进自己成长。无论多大的本事,当一个普通老师的时候,应该好好教书;当班主任的时候,就得好好地照管好一个班级;当乡党委书记的时候,好好地把一个乡管好,这叫"潜龙勿用"。千般不服气,万般折腾,只能很快退出历史舞台,这样的例子比比皆是。

再往下看,乾卦的第二爻辞就是"见龙在田,利见大人"。这是说一个特别有才能的人,做事兢兢业业,有人赏识你了,处境变得更好一些。什么叫"利见大人"?一个有才能的人,需要助缘,有天大的本事,如果没人赏识你,没人提供机会也不行。所以要知道我们这一辈子不能太看重自己,不能太觉得自己了不起,自己即便是有点本事,也需要恩师、恩人、贵人的帮助,需要太多人的成全。

毛主席是近代中国真正能够改变国运的领袖大才,可是红军长征初期,毛主席被剥夺了权力,是周恩来、王稼祥、张闻天等红军将领认识到他是真有思想、有水平,只有由他来领导,中国革命才有未来。众缘和合,在大家的努力之下,毛主席慢慢地被推到风口浪尖,走到了历史的前台。所以任何一个人成事,都是众缘和合,都需要太多人的帮助,这个特别重要。

为什么佛家主张"上报四重恩"?人要有感恩之心,按佛家的这个说法，感恩要分好几种。我们首先要对国家感恩，因为我们生活在这个国家，作为中华民族的一员，我们吃的饭、我们居住的环境等等，是这个国家提供给我们的。我们还要感圣人的恩，历代的大德祖师，历代的圣贤，他们给了我们智慧，让我们明白人生真正的意义和价值。另外，我们今天有了这点成就，少不了别人的帮助，所以要感众生的恩。最后，父母含辛茹苦把我们养大，我们要感父母的恩。这就是"上报四重恩"。

任何一个人的发展都不会是一帆风顺的，所以乾卦第四爻辞说"或跃，在渊"。"或跃"，就是有可能被重用，发展很快；"在渊"，就是可能再次陷入低谷，出现低潮，这都是正常的事。每个人的一生都会有各种起伏，面临各种考验，没有哪个人的人生到处都是轻歌曼舞。《易经》里讲："君子终日乾乾，夕惕，若厉，无咎。"君子遇到困难了并不怕，每天都非常勤奋地去努力，绝不牢骚满腹，不自暴自弃，也不怨天尤人，老老实实地反省：我为什么遇到困难了？我为什么遇到障碍了？这叫"君子终日乾乾"。只要自己的态度是对的，做人做事没有问题，那么即便是遇到困难——"若厉"，也不会有大的风险——"无咎"。

起起伏伏经历了这么多考验，有了各种教训，不断地反思、学习、体悟、成长，终于迎来了好机会："飞龙在天，利见大人。"这个时候一个真正影响历史的人，终于可以气势恢宏地干成一番事业，可以呼风唤雨了。

有的人也许认为，到了这个程度，是否可以显显自己的威风了？恰恰不行，《易经》讲到这里，爻辞里有一句话"亢龙有悔"。大家看到"亢龙有悔"可能很熟悉，"降龙十八掌"的招数嘛！其实"亢龙有悔"大有深意。什么是亢龙？就是亢奋的龙，意味着得势，大权在握，可呼风唤雨。它实际上是告诉我们，一个大人物此时有吞天吐地的志气，有纵横捭阖的才能，占据高位，手握乾坤，干成了一番事业，越是在这个状态越要注意，在别人都称赞你了不起的时候，你一定要知道自己吃的是哪碗饭，一定要保持清醒。这就叫"亢龙有悔"。

　　我们常读历史就会发现，多少大人物面临困难的时候，都可谓经历千难万险仍百折不挠，真乃英雄本色。可是事业有成的时候，当众多的鲜花和掌声来到面前的时候，多少英雄就败在这里。落寞的时候知道奋发，可风生水起的时候不懂"亢龙有悔"，不懂得谦卑，当别人吹捧自己，就开始飘飘然，也觉得自己了不起，这个时候他的生命力和事业就停止了，"繁华过后成一梦"，甚至会一个灾难接着一个灾难。邓小平同志在总结1949年以后的历史的时候，面对第一个五年计划和社会主义改造取得的巨大成就时，曾经说我们那时候就有些"头脑发热"。殷鉴不远，教训在那里，我们要永远清醒，永远如履薄冰，永远戒惧谨慎，永远扎扎实实前进！

4. 学国学更要谦卑

21世纪国学热后的一段时间，文化传播领域有这样一种现象：有的人认为我是学习国学的人，我是读圣贤书的人，就高人一等，自觉或者不自觉都有道德自负。这是可怕的现象，一定要引起我们的警觉。

事实上，我们任何一个人都是有太多缺点的人，学国学的人也是一样。不要觉得我学国学了，自己就多纯洁多高尚，根本不是！人性的弱点，很难因为读了几本书就洗心革面，就能立地成佛，所以更不要觉得高人一等，动不动对人指手画脚，道德绑架。时节因缘给了我们一个责任去传播中国文化，如此而已。学习中国文化，应时时点一盏心灯，时时看到自己的弱点。越是学国学的人，越应该认识到自己的不足。因为如果一个人的心灯没有点亮，好比一个黑暗的房子，蟑螂、鞋垫、袜子……多少脏东西都看不到。一旦懂得且能做到日三省吾身，就会发现自己的心田有那么多问题。那些学了点中国文化就觉得自己修为很高的人，其实是智慧没有打开，反而增添了自己的傲慢，还生活在黑暗中。当我们读了圣贤书，读了历代圣贤的教诲，点上一盏心灯的时候，就如同房间的灯亮了，床底下的脏东西，地上的脏东西，床上的脏东西，全看到了。所以越有智慧的人，越是知道自己的不足；所以孔子才说"三人行，必有我师"；所以孔子的学生才说"吾日三省吾身";所以古希腊哲学家苏格拉底才说"我知道我是一个无知的人",圣贤都有这种体会。

我们学中国传统文化的人,应该有这样的自觉:学得越深入越谦卑,越知道自己的不足。千万不要造神,不要吹捧,不能膨胀得无法接受批评,更不要被人利用。真正深入中国文化,会有如履薄冰、如临深渊的感觉,会时时反省自己,时时倾听各种批评,时时检查自己起心动念,不断地自我超越,走向自我完善。

5.永远清醒,常怀忧患之思,才能永葆活力

做事有点起色也许容易,可真正在取得成就的基础上,不断地与时俱进,不断地开辟未来,却不容易。我们读谦德之效,要懂得一个道理:艰难困苦的时候,愈挫愈奋,百折不挠;取得成就的时候,越发清醒,越发有自知之明,不断地与时俱进,不断地学习,不断地披荆斩棘,永不满足,永不懈怠,永远居安思危,一定要有这个智慧,一定要有这个能力!

我们如果深刻理解了谦德之效的智慧,就会永远不满足,不断反省自己,常怀感恩之心,能够海纳百川,向社会学,向人民学,向领导学,向周围的人学!保持学习的状态,欢迎批评,这个特别重要,只有这样,才能一步一个脚印,不断地接受新的考验,不断地开辟新的未来。

6. 志无立，天下无可成之事

了凡在这一部分不仅告诉我们做人要谦卑，而且强调了立志的重要性。

古语云："有志于功名者，必得功名；有志于富贵者，必得富贵。"人之有志，如树之有根，立定此志，须念念谦虚，尘尘方便，自然感动天地，而造福由我。今之求登科第者，初未尝有真志，不过一时意兴耳。兴到则求，兴阑则止。

很多人都想取得成就，这是人之常情。可是我们要问：怎么样才能取得成就呢？我们观察古往今来那些有成就的人、被人们赞叹的人，会发现一个共同点：人生如同一棵大树，枝繁叶茂，开花结果，这是外在的成就，但真正支撑这些成就的是大树的根脉，这个根脉就是一个人的志向。立志就如同种子的一个萌芽，如果种子不发芽，自然是焦芽败种；只有发芽，才有长成参天大树的可能。如果没有志向，只是在外部压力的逼迫下出一点成绩，终不会有什么大的成就。

到这里，《了凡四训》的四部分，我已择其主要的内容给大家做了分享。这本书最重要的不是让我们明白几个道理，因为让一个人的生活、工作好起来，不是懂几个道理就可以做到的。关键是，懂了道理，真正能够在自我反思的基础上不断改正自己，我们的人生才会越来越好。人人都希望自己越来越好,只有每一个人越来越好,我们的国家才会越来越好。

为什么很多人听了很多道理,却依然过不好这一生?空讲道理,耍嘴皮子,永远过不好一生!只有将正确的道理落实在生活中,真正改变自己,按照真理去做,才能让人生越来越好!

小　结

中西方"命运观"的根本区别

命运是全人类关心的问题，但中西方文化对于命运却有着不同的理解。

西方文化对命运的理解，大家读读古希腊的戏剧《俄狄浦斯王》就会发现，西方文化特别强调有一个造物主，世界的一切乃至人类的命运都是造物主创造的。一个人如果希望得到超脱和拯救，只有跪在造物主面前祈求救赎。这就是西方文化命运观的特点。这与中国文化所认为的"命由我作，福自己求"有根本的不同。中国文化认为命运的主人就是人自己，没有一个外在的造物主创造人类的命运。任何一个人都有自我超越的能力，人人心中都有和圣贤、众神、佛菩萨一样的自性，只要反求诸己，照破颠倒妄想，人人可以为尧舜，人人皆可以成就。可以说，中国文化真正尊重了人类自身的主体性，认为人类有自我拯救和自我超越的能力，人类的命运归根结底操之在我，从而开启了人类的慧命和担当。

正因为如此，中国文化坚决反对迷信和盲目崇拜，认为人类真正超越的希望在于人类自己，"人人有个灵山塔，好向灵山塔下修"，反求诸己，观照开启自性，灵光独耀，明月高悬。一个人命运的改变，根本上要从心地上内求，通过内求，净化心灵，拓展格局，完善人格，逐渐改变命运的轨迹。具体说来，就是通过格物、致知、诚意、正心、修身等功夫，把自己修好了，然后对外完成一番利国利民的事业，用云谷禅师的话就是"内外双得"。这个过程，既提高了自己的德行和人格，又干成一番事业，用《药师经》的话，叫"求富贵得富贵，求长寿得长寿，求男女得男女"。总之，中国文化对命运的看法，绝不赞成宿命论，也不赞成一个造物主创造的人的命运。

我本人曾对中西方文化的命运观做过一个比较，我觉得中国文化的这种说法可信、可行、可靠。一个人过得好不好，不是你祈祷得来的，不是跪在谁的面前求出来的，是真抓实干创造出来的。比如近代中国，我们老是被西方人欺负，西方列强趁着我们积贫积弱，发动了一次又一次侵略战争。那时候人为刀俎，我为鱼肉，中华民族可谓灾难深重。在这个情况下，没有哪个造物主来救中国，中国更不可能通过跪拜西方得救。中国人只有自己救自己，敢于自己起来斗争，把西方列强赶出去！

所以毛主席等中国共产党人，勇敢地带领和团结全国各族人民，英勇斗争，把侵略者赶了出去，建立起一个独立自主的国家，这本身就生动地体现了中国的命运观，叫"命由我作，福自己求""天行健，君子以自强不息"。国家如此，个人的命运也如此。每一个想过好日子的朋友，每一个追求幸福生活的同人，认识到这个道理以后，种如是因，受如是果，好好做人，好好做事，人的命运才能改变。

当然，西方对人性和命运的理解，也有它的价值。西方人看到了人性的弱点，这是它的长处，但否定人类有自我超越的可能，这是它的问题所在。我们既要看到人性的弱点，又要看到道心的力量，看到人类自我拯救的能力，不可泯灭人类的慧命。

创造、拼搏是人生永远的底色

在如何改变命运的问题上，《了凡四训》给我们指了三条道路，其中一个就是"改过"，要真正发耻心，发勇心，发畏心；在具体改过的时候，要从事上改，从理上改，最高明的是从心地上改。也就是说，一个人的生命是个什么状态，其根本上取决于他的心。所以像周恩来同志，有"为中华之崛起而读书"的这一颗真心，人生一定是卓尔不凡的。唐代玄奘大师，在出家的时候才十三岁，当时主考官问他为什么要学佛要出家，玄奘法师朗朗答道："我远绍如来，成佛作祖；近学大乘，弘扬佛法！"主考官听了以后，心里也很受触动，认为这个孩子，今后一定是佛教的龙象之才。

有什么样的心，有什么样的志向，经过什么样的拼搏，才会有什么样的人生！

当前，社会上有一些消极懈怠的情绪，那就是放弃奋斗，对人生采取"躺平"的态度，实际上就是放弃拼搏，坐享其成或者自暴自弃，这是没有明白人生真谛的糊涂表现。

任何一个人都会对未来有这样那样的想法，有这样那样的希望。任何一个憧憬、希望、愿景的实现，都不会"天上掉馅儿饼"，都需要自己奋斗和打拼，需要自己努力创造。放弃奋斗的结果，只能是被社会淘汰，越来越落寞。而且一个人真正的幸福感，来自觉悟人生之后初心的坚守和兑现。任何一个人的人生，逃避不解决任何问题，逃避也无法消除内心的挣扎、痛苦和煎熬，唯一的道路就是觉悟人生的意义：服务人民、奉献社会，将自己这一滴水，融入为人民服务的大海中，从而成就自己的永恒。

我还特别想跟年轻人讲几句：每一个年轻人，内心有各种愿望，无论是为人民服务的愿望，还是赚钱、谈恋爱等等，都是很正常的现象。而且年轻人精力充沛，需要把精力释放出来，如何将精力用在最有意义的事情上，这是需要我们思考的事情。年轻人免不了折腾，既然这样，最智慧的做法就是将精力用在多读圣贤书，多养浩然之气，多交积极上进的好朋友，多做利国利民的事上！请大家注意，人生的很多问题都是闲出来的。一个人如果无所事事，不读圣贤书，不结交志同道合的好朋友，闲得无聊的时候，看了不该看的书，看了不该看的视频，难免会让自己的人生走向堕落。所以年轻人务必振作起来，觉悟起来，要牢记"命由我作，福自己求"，做真正的大丈夫，做中华好儿女，为中华民族永葆生机而持续奋斗！

在为人处世的细节中创造机缘

每一个人都希望有贵人相助，都希望有机会改变自己的命运。但实际上，能遇到重大历史机遇的人很少，绝大多数人都是在平凡的生活中度过一生。而且,即便是遇到重大机会,考验的也是一个人平时的积累,机遇只垂青于有准备的人,平时不下功夫,德行、能力、人脉等等都没有准备好,即便机会来了也不属于自己。

因此,面对平凡生活,我们要学会在每一个生活的细节中反观自己,严格要求自己,做好本职工作,爱岗敬业,孝敬父母,遵纪守法,对人和善,成全别人,尊重和理解别人。在这个过程中,为自己更好的发展创造条件,一旦有机会,也比较容易把握机会。反之,不注意生活细节,不为自己广种福田,终将蹉跎岁月,一事无成。

"大人"的含义

很多人在艰难困苦的时候,能够愈挫愈奋;但鲜花与掌声到来的时候,却败下阵来。任何一个人,都会经历无数的考验,苦难时奋起,平凡的时候安安稳稳,顺风顺水的时候笃定初心,这是每一个人的必修课。不管自己取得多大的成就、多大的功业,不管有多少鲜花和掌声,要永远懂得谦卑,不可飘飘然,要永远知道自己有很多的缺点。谦虚使人进步,骄傲使人落后,永远要海纳百川,与时俱进。水满则溢,月盈则亏。当一个人觉得"我了不起"的时候,已经开始走向倒霉的下坡路了。所以,做人做事要永不满足,永远反省自己,永远知道自己是谁,永远知道自己吃哪碗饭。一个人成就越大,肩负的责任就越大。

中国文化里有一个字叫"伞",它的繁体字如何写?上面一个大"人",下边是四个小"人"、一个十字。繁体的"伞"字告诉我们,大人天生的使命是保护平凡人的,也就是说,所有那些大政治家、大企业家、大科学家、大思想家等,能量越大,越要给平凡的人遮风挡雨。比如县委书记的使命和担当,就是做给老百姓遮风挡雨的"大人",就要推出、执行好的政策,给老百姓做好事。如果一个人是个大企业家,亿万家财,那就要多帮助员工解决生计问题,帮助社会解决就业问题,要创造出好的产品服务和贡献社会。能量越大,责任越大;不为自己求安乐,但愿人民幸福安康,这是一个真正有觉悟的人必然的人生选择。

教师的使命和担当

知识分子是一个特殊的群体,承担着特殊的使命和责任。尤其是老师,要给孩子正确的引导,让他们做堂堂正正的人,做利国利民的人,做让自己的家庭感到骄傲的人。什么是"中国知识分子"?首先"中国"两个字就是底色——热爱自己的国家,发自内心热爱自己的人民,以做一个中国人为荣,愿意用一生的努力为国家服务、为人民工作!什么是"知识分子"?传承文脉,接续道统,追求真理,为国育才,立足中国,面向世界,融汇人类一切文明的优势为我所用,强大自己的祖国,为人类文明做更大贡献。

当然,知识分子也是最普通的人,有着各种各样的缺点。我们虽然不能求全责备,不能以"完人"的标准苛责苛求,但知识分子应该严格要求自己,认识到自己的不足,永远有虚心学习、接受批评帮助的自觉,以人民为师,向人民学习,为人民服务!

《了凡四训》与家教、家风

总结起来,《了凡四训》讲的道理,足可以让它成为家训中的经典。家庭是社会的细胞,家教连着家风,有什么样的家教,就有什么家风。家风就好比酵母池,有什么样的酵母池,就会培养出什么样味道的孩子。在教育的问题上,很多人都埋怨学校,批评学校有这个那个问题,批评教育体制有这个那个问题,等等。实际上教育是一个非常复杂的体系,社会、学校、家庭等,都起着各自的作用。学校在知识教育上优势明显,但培养孩子如何做人、如何树立正确的价值观,家庭教育最为重要。一个孩子,如果文质彬彬,待人有礼貌,做事很公道,与人为善,他背后往往有伟大的父母。反过来讲,有的年轻人比较自私,做事不考虑别人,以自我为中心,多半也和他自私的父母有关系。有的孩子读大学的时候,家长就告诉孩子,千万不要吃亏,这只会让自己的孩子变得自私。一个自私的孩子,一个处处都算计别人、只在乎自己的小利益的人,怎么可能成为国家的栋梁之材?这样的人连人际关系都处理不好,其他更无从谈起了。

《了凡四训》启发我们,要有非常好的家教,养成一个好的家风,才能培养出一个堂堂正正的好孩子。每个家庭都能真培养出好公民,才会有一个好社会,才会有一个好的社会风气。从这个意义上讲,《了凡四训》应该是每一个家庭必读的书,是每一个人必读的书,也是所有爱好中国文化的人必读的书!它告诉我们怎么修身,怎么做事,怎么做人。我相信从《了凡四训》里吸收到的营养,运用到我们做人和处事的细节里去,每一个人都会受益,国家也会受益。

本书一定有不足之处,敬请大家批评、指正。同时感谢弘正学堂的义工同志、济南的王贤志同志等在本书文字整理过程中所做的努力。

祝愿所有的朋友吉祥安康,愿国家国泰民安,人民安居乐业。

附录一

了凡四训

(明)袁了凡

第一篇　立命之学

余童年丧父,老母命弃举业学医,谓可以养生,可以济人,且习一艺以成名,尔父夙心也。

后余在慈云寺,遇一老者,修髯伟貌,飘飘若仙,余敬礼之。语余曰:"子仕路中人也,明年即进学,何不读书?"余告以故,并叩老者姓氏里居。曰:"吾姓孔,云南人也。得邵子皇极数正传,数该传汝。"余引之归,告母。母曰:"善待之。"试其数,纤悉皆验。

余遂起读书之念,谋之表兄沈称,言:"郁海谷先生,在沈友夫家开馆,我送汝寄学甚便。"余遂礼郁为师。

孔为余起数:县考童生,当十四名;府考七十一名;提学考第九名。明年赴考,三处名数皆合。

复为卜终身休咎,言:某年考第几名,某年当补廪,某年当贡,贡后某年,当选四川一大尹,在任三年半,即宜告归。五十三岁八月十四日丑时,当终于正寝,惜无子。余备录而谨记之。

自此以后,凡遇考校,其名数先后,皆不出孔公所悬定者。独算余食廪米九十一石五斗当出贡,及食米七十余石,屠宗师即批准补贡,余窃疑之。

后果为署印杨公所驳,直至丁卯年,殷秋溟宗师见余场中备卷,叹曰:"五策即五篇奏议也,岂可使博洽淹贯之儒,老于窗下乎!"遂依县申文准贡,连前食米计之,实九十一石五斗也。

余因此益信进退有命,迟速有时,澹然无求矣。

贡入燕都,留京一年,终日静坐,不阅文字。己巳归,游南雍,未入监,先访云谷会禅师于栖霞山中,对坐一室,凡三昼夜不瞑目。

云谷问曰:"凡人所以不得作圣者,只为妄念相缠耳。汝坐三日,不见起一妄念,何也?"

余曰:"吾为孔先生算定,荣辱死生,皆有定数,即要妄想,亦无可妄想。"

云谷笑曰:"我待汝是豪杰,原来只是凡夫。"

问其故,曰:"人未能无心,终为阴阳所缚,安得无数?但惟凡人有数。极善之人,数固拘他不定;极恶之人,数亦拘他不定。汝二十年来,被他算定,不曾转动一毫,岂非是凡夫?"

余问曰:"然则数可逃乎?"曰:"命由我作,福自己求。《诗》《书》所称,的为明训。我教典中说:求富贵得富贵,求男女得男女,求长寿得长寿。夫妄语乃释迦大戒,诸佛菩萨,岂诳语欺人？"

余进曰："孟子言，'求则得之'，是求在我者也。道德仁义，可以力求；功名富贵，如何求得？"

云谷曰："孟子之言不错，汝自错解了。汝不见六祖说：'一切福田，不离方寸；从心而觅，感无不通。'求在我，不独得道德仁义，亦得功名富贵。内外双得，是求有益于得也。若不反躬内省，而徒向外驰求，则求之有道，而得之有命矣。内外双失，故无益。"

因问："孔公算汝终身若何？"余以实告。云谷曰："汝自揣应得科第否？应生子否？"

余追省良久，曰："不应也。科第中人，类有福相。余福薄，又不能积功累行，以基厚福；兼不耐烦剧，不能容人；时或以才智盖人，直心直行，轻言妄谈。凡此皆薄福之相也，岂宜科第哉！

"地之秽者多生物，水之清者常无鱼，余好洁，宜无子者一。和气能育万物，余善怒，宜无子者二。爱为生生之本，忍为不育之根，余矜惜名节，常不能舍己救人，宜无子者三。多言耗气，宜无子者四。喜饮铄精，宜无子者五。好彻夜长坐，而不知葆元毓神，宜无子者六。其余过恶尚多，不能悉数。"

云谷曰："岂惟科第哉！世间享千金之产者，定是千金人物；享百金之产者，定是百金人物；应饿死者，定是饿死人物。天不过因材而笃，几曾加纤毫意思。

"即如生子，有百世之德者，定有百世子孙保之；有十世之德者，定有十世子孙保之；有三世二世之德者，定有三世二世子孙保之；其斩焉无后者，德至薄也。

"汝今既知非，将向来不发科第，及不生子之相，尽情改刷。务要积德，务要包荒，务要和爱，务要惜精神。从前种种，譬如昨日死；从后种种，譬如今日生，此义理再生之身也。

"夫血肉之身，尚然有数；义理之身，岂不能格天！《太甲》曰：'天作孽，犹可违；自作孽，不可活。'《诗》云：'永言配命，自求多福。'孔先生算汝不登科第，不生子者，此天作之孽，犹可得而违。汝今扩充德性，力行善事，多积阴德，此自己所作之福也，安得而不受享乎？

"《易》为君子谋，趋吉避凶；若言天命有常，吉何可趋，凶何可避？开章第一义，便说：'积善之家，必有余庆。'汝信得及否？

余信其言，拜而受教。因将往日之罪，佛前尽情发露。为疏一通，先求登科，誓行善事三千条，以报天地祖宗之德。

云谷出功过格示余，令所行之事，逐日登记，善则记数，恶则退除，且教持准提咒，以期必验。

语余曰："符箓家有云：'不会书符，被鬼神笑。'此有秘传，只是不动念也。执笔书符，先把万缘放下，一尘不起。从此念头不动处，下一点，谓之混沌开基。由此而一笔挥成，更无思虑，此符便灵。凡祈天立命，都要从无思无虑处感格。

"孟子论立命之学，而曰：'夭寿不贰。'夫夭寿，至贰者也。当其不动念时，孰为夭，孰为寿？细分之，丰歉不贰，然后可立贫富之命；穷通不贰，然后可立贵贱之命；夭寿不贰，然后可立生死之命。人生世间，惟死生为重，曰夭寿，则一切顺逆皆该之矣。

"至修身以俟之，乃积德祈天之事。曰修，则身有过恶，皆当治而去之。曰俟，则一毫觊觎，一毫将迎，皆当斩绝之矣。到此地位，直造先天之境，即此便是实学。

"汝未能无心，但能持准提咒，无记无数，不令间断，持得纯熟，于持中不持，于不持中持，到得念头不动，则灵验矣。"

余初号学海，是日改号了凡。盖悟立命之说，而不欲落凡夫窠臼也。从此而后，终日兢兢，便觉与前不同。前日只是悠悠放任，到此自有战兢惕厉景象，在暗室屋漏中，常恐得罪天地鬼神；遇人憎我毁我，自能恬然容受。

到明年，礼部考科举，孔先生算该第三，忽考第一，其言不验，而秋闱中式矣。

然行义未纯，检身多误。或见善而行之不勇，或救人而心常自疑，或身勉为善而口有过言，或醒时操持而醉后放逸，以过折功，日常虚度。自己巳岁发愿，直至己卯岁，历十余年，而三千善行始完。

时方从李渐庵入关，未及回向。庚辰南还，始请性空、慧空诸上人，就东塔禅堂回向。遂起求子愿，亦许行三千善事。辛巳，生汝天启。

余行一事，随以笔记。汝母不能书，每行一事，辄用鹅毛管，印一朱圈于历日之上。或施食贫人，或买放生命，一日有多至十余圈者。至癸未八月，三千之数已满。复请性空辈，就家庭回向。九月十三日，复起求中进士愿，许行善事一万条。丙戌登第，授宝坻知县。

余置空格一册，名曰治心篇。晨起坐堂，家人携付门役，置案上，所行善恶，纤悉必记。夜则设桌于庭，效赵阅道焚香告帝。

汝母见所行不多，辄颦蹙曰："我前在家，相助为善，故三千之数得完；今许一万，衙中无事可行，何时得圆满乎？"

夜间偶梦见一神人，余言善事难完之故。神曰："只减粮一节，万行俱完矣。"盖宝坻之田，每亩二分三厘七毫，余为区处，减至一分四厘六毫，委有此事，心颇惊疑。适幻余禅师自五台来，余以梦告之，且问此事宜信否。

师曰："善心真切，即一行可当万善，况合县减粮，万民受福乎！"吾即捐俸银，请其就五台山斋僧一万而回向之。

孔公算予五十三岁有厄，余未尝祈寿，是岁竟无恙，今六十九矣。《书》曰："天难谌，命靡常。"又云："惟命不于常。"皆非诳语。吾于是而知，凡称祸福自己求之者，乃圣贤之言；若谓祸福惟天所命，则世俗之论矣。

汝之命未知若何。即命当荣显，常作落寞想；即时当顺利，当作拂逆想；即眼前足食，常作贫窭想；即人相爱敬，常作恐惧想；即家世望重，常作卑下想；即学问颇优，常作浅陋想。

远思扬祖宗之德，近思盖父母之愆；上思报国之恩，下思造家之福；外思济人之急，内思闲己之邪。

务要日日知非，日日改过。一日不知非，即一日安于自是；一日无过可改，即一日无步可进。天下聪明俊秀不少，所以德不加修、业不加广者,只为因循二字,耽阁一生。

云谷禅师所授立命之说,乃至精至邃至真至正之理,其熟玩而勉行之,毋自旷也。

第二篇　改过之法

春秋诸大夫,见人言动,亿而谈其祸福,靡不验者,左国诸记可观也。大都吉凶之兆,萌乎心而动乎四体,其过于厚者常获福,过于薄者常近祸,俗眼多翳,谓有未定而不可测者。至诚合天,福之将至,观其善而必先知之矣;祸之将至,观其不善而必先知之矣。今欲获福而远祸,未论行善,先须改过。

但改过者,第一,要发耻心。思古之圣贤,与我同为丈夫,彼何以百世可师?我何以一身瓦裂?耽染尘情,私行不义,谓人不知,傲然无愧,将日沦于禽兽而不自知矣;世之可羞可耻者,莫大乎此。孟子曰:"耻之于人大矣。"以其得之则圣贤,失之则禽兽耳。此改过之要机也。

第二,要发畏心。天地在上,鬼神难欺,吾虽过在隐微,而天地鬼神,实鉴临之,重则降之百殃,轻则损其现福,吾何可以不惧?

不惟是也。闲居之地,指视昭然;吾虽掩之甚密,文之甚巧,而肺肝早露,终难自欺;被人觑破,不值一文矣,乌得不凛凛?

不惟是也。一息尚存，弥天之恶，犹可悔改；古人有一生作恶，临死悔悟，发一善念，遂得善终者。谓一念猛厉，足以涤百年之恶也。譬如千年幽谷，一灯才照，则千年之暗俱除；故过不论久近，惟以改为贵。但尘世无常，肉身易殒，一息不属，欲改无由矣。明则千百年担负恶名，虽孝子慈孙，不能洗涤；幽则千百劫沉沦狱报，虽圣贤佛菩萨，不能援引。乌得不畏？

第三，须发勇心。人不改过，多是因循退缩；吾须奋然振作，不用迟疑，不烦等待。小者如芒刺在肉，速与抉剔；大者如毒蛇啮指，速与斩除，无丝毫凝滞，此风雷之所以为益也。

具是三心，则有过斯改，如春冰遇日，何患不消乎？然人之过，有从事上改者，有从理上改者，有从心上改者；工夫不同，效验亦异。

如前日杀生，今戒不杀；前日怒詈，今戒不怒；此就其事而改之者也。强制于外，其难百倍，且病根终在，东灭西生，非究竟廓然之道也。

善改过者，未禁其事，先明其理；如过在杀生，即思曰：上帝好生，物皆恋命，杀彼养己，岂能自安？且彼之杀也，既受屠割，复入鼎镬，种种痛苦，彻入骨髓；己之养也，珍膏罗列，食过即空，疏食菜羹，尽可充腹，何必戕彼之生，损己之福哉？

又思血气之属，皆含灵知，既有灵知，皆我一体；纵不能躬修至德，使之尊我亲我，岂可日戕物命，使之仇我憾我于无穷也？一思及此，将有对食伤心，不能下咽者矣。

如前日好怒，必思曰：人有不及，情所宜矜；悖理相干，于我何与？本无可怒者。

又思天下无自是之豪杰，亦无尤人之学问，行有不得，皆己之德未修，感未至也。吾悉以自反，则谤毁之来，皆磨炼玉成之地；我将欢然受赐，何怒之有？

又闻谤而不怒，虽谗焰熏天，如举火焚空，终将自息；闻谤而怒，虽巧心力辩，如春蚕作茧，自取缠绵；怒不惟无益，且有害也。其余种种过恶，皆当据理思之。此理既明，过将自止。

何谓从心而改？过有千端，惟心所造，吾心不动，过安从生？学者于好色、好名、好货、好怒种种诸过，不必逐类寻求，但当一心为善，正念现前，邪念自然污染不上。如太阳当空，魍魉潜消，此精一之真传也。过由心造，亦由心改，如斩毒树，直断其根，奚必枝枝而伐，叶叶而摘哉？

大抵最上治心，当下清净，才动即觉，觉之即无。苟未能然，须明理以遣之；又未能然，须随事以禁之；以上事而兼行下功，未为失策。执下而昧上，则拙矣。

顾发愿改过，明须良朋提醒，幽须鬼神证明。一心忏悔，昼夜不懈，经一七、二七，以至一月、二月、三月，必有效验。或觉心神恬旷；或觉智慧顿开；或处冗沓而触念皆通；或遇怨仇而回嗔作喜；或梦吐黑物；或梦往圣先贤，提携接引；或梦飞步太虚；或梦幢幡宝盖。种种胜事，皆过消罪灭之象也。然不得执此自高，画而不进。

昔蘧伯玉当二十岁时，已觉前日之非而尽改之矣。至二十一岁，乃知前之所改，未尽也；及二十二岁，回视二十一岁，犹在梦中。岁复一岁，递递改之，行年五十，而犹知四十九年之非。古人改过之学如此。

吾辈身为凡流，过恶猬集，而回思往事，常若不见其有过者，心粗而眼翳也。

然人之过恶深重者，亦有效验：或心神昏塞，转头即忘；或无事而常烦恼；或见君子而赧然消沮；或闻正论而不乐；或施惠而人反怨；或夜梦颠倒，甚则妄言失志；皆作孽之相也。苟一类此，即须奋发，舍旧图新，幸勿自误。

第三篇　积善之方

《易》曰："积善之家，必有余庆。"

昔颜氏将以女妻叔梁纥，而历叙其祖宗积德之长，逆知其子孙必有兴者。

孔子称舜之大孝，曰："宗庙飨之，子孙保之。"皆至论也。试以往事征之。

杨少师荣，建宁人，世以济渡为生。久雨溪涨，横流冲毁民居，溺死者顺流而下，他舟皆捞取货物，独少师曾祖及祖，惟救人，而货物一无所取，乡人嗤其愚。逮少师父生，家渐裕，有神人化为道者，语之曰："汝祖父有阴功，子孙当贵显，宜葬某地。"遂依其所指而窆之，即今白兔坟也。后生少师，弱冠登第，位至三公，加曾祖、祖、父，如其官。子孙贵盛，至今尚多贤者。

鄞人杨自惩，初为县吏，存心仁厚，守法公平。时县宰严肃，偶挞一囚，血流满前，而怒犹未息，杨跪而宽解之。宰曰："怎奈此人越法悖理，不由人不怒。"自惩叩首曰："上失其道，民散久矣。如得其情，哀矜勿喜；喜且不可，而况怒乎？"宰为之霁颜。家甚贫，馈遗一无所取，遇囚人乏粮，常多方以济之。一日，有新囚数人待哺，家又缺米，给囚则家人无食，自顾则囚人堪悯。与其妇商之。妇曰："囚从何来？"曰："自杭而来。沿路忍饥，菜色可掬。"因撤己之米，煮粥以食囚。后生二子，长曰守陈，次曰守址，为南北吏部侍郎。长孙为刑部侍郎，次孙为四川廉宪，又俱为名臣。今楚亭、德政，亦其裔也。

昔正统间，邓茂七倡乱于福建，士民从贼者甚众。朝廷起鄞县张都宪楷南征，以计擒贼。后委布政司谢都事，搜杀东路贼党。谢求贼中党附册籍，凡不附贼者，密授以白布小旗，约兵至日，插旗门首，戒军兵无妄杀，全活万人。后谢之子迁，中状元，为宰辅；孙丕，复中探花。

莆田林氏，先世有老母好善，常作粉团施人，求取即与之，无倦色。一仙化为道人，每旦索食六七团。母日日与之，终三年如一日，乃知其诚也。因谓之曰："吾食汝三年粉团，何以报汝？府后有一地，葬之，子孙官爵，有一升麻子之数。"其子依所点葬之，初世即有九人登第，累代簪缨甚盛。福建有"无林不开榜"之谣。

冯琢庵太史之父，为邑庠生。隆冬早起赴学，路遇一人，倒卧雪中，扪之，半僵矣。遂解己绵裘衣之，且扶归救苏。梦神告之曰:"汝救人一命,出至诚心,吾遣韩琦为汝子。"及生琢庵,遂名琦。

台州应尚书,壮年习业于山中。夜鬼啸集,往往惊人,公不惧也。一夕闻鬼云:"某妇以夫久客不归,翁姑逼其嫁人。明夜当缢死于此,吾得代矣。"公潜卖田,得银四两,即伪作其夫之书,寄银还家。其父母见书,以手迹不类,疑之。既而曰:"书可假,银不可假,想儿无恙。"妇遂不嫁。其子后归,夫妇相保如初。

公又闻鬼语曰:"我当得代,奈此秀才坏吾事。"傍一鬼曰:"尔何不祸之?"曰:"上帝以此人心好,命作阴德尚书矣。吾何得而祸之?"应公因此益自努励,善日加修,德日加厚。遇岁饥,辄捐谷以赈之;遇亲戚有急,辄委曲维持;遇有横逆,辄反躬自责,怡然顺受。子孙登科第者,今累累也。

常熟徐凤竹栻,其父素富,偶偶年荒,先捐租以为同邑之倡,又分谷以赈贫乏。夜闻鬼唱于门曰:"千不诳,万不诳,徐家秀才,做到了举人郎。"相续而呼,连夜不断。是岁,凤竹果举于乡。其父因而益积德,孳孳不怠,修桥修路,斋僧接众,凡有利益,无不尽心。后又闻鬼唱于门曰:"千不诳,万不诳,徐家举人,直做到都堂。"凤竹官终两浙巡抚。

嘉兴屠康僖公,初为刑部主事,宿狱中,细询诸囚情状,得无辜者若干人。公不自以为功,密疏其事,以白堂官。后朝审,堂官摘其语,以讯诸囚,无不服者,释冤抑十余人。一时辇下咸颂尚书之明。公复禀曰:"辇毂之下,尚多冤民,四海之广,兆民之众,岂无枉者?宜五年差一减刑官,核实而平反之。"尚书为奏，允其议。时公亦差减刑之列，梦一神告之曰：汝命无子，今减刑之议，深合天心，上帝赐汝三子，皆衣紫腰金。是夕夫人有娠，后生应埙、应坤、应埈，皆显官。

嘉兴包凭，字信之。其父为池阳太守，生七子，凭最少，赘平湖袁氏，与吾父往来甚厚，博学高才，累举不第，留心二氏之学。一日东游泖湖，偶至一村寺中，见观音像，淋漓露立，即解橐中得十金，授主僧，令修屋宇。僧告以功大银少，不能竣事。复取松布四匹，检箧中衣七件与之，内纻褶，系新置，其仆请已之。凭曰："但得圣像无恙，吾虽裸裎何伤？"僧垂泪曰："舍银及衣布，犹非难事。只此一点心，如何易得。"后功完，拉老父同游，宿寺中。公梦伽蓝来谢曰："汝子当享世禄矣。"后子汴，孙柽芳，皆登第，作显官。

嘉善支立之父，为刑房吏。有囚无辜陷重辟，意哀之，欲求其生。囚语其妻曰："支公嘉意，愧无以报。明日延之下乡，汝以身事之，彼或肯用意，则我可生也。"其妻泣而听命。及至，妻自出劝酒，具告以夫意。支不听，卒为尽力平反之。囚出狱，夫妻登门叩谢曰："公如此厚德，晚世所稀。今无子，吾有弱女，送为箕帚妾，此则礼之可通者。"支为备礼而纳之，生立，弱冠中魁，官至翰林孔目。立生高，高生禄，皆贡为学博。禄生大纶，登第。

凡此十条，所行不同，同归于善而已。若复精而言之，则善有真、有假；有端、有曲；有阴、有阳；有是、有非；有偏、有正；有半、有满；有大、有小；有难、有易；皆当深辨。为善而不穷理，则自谓行持，岂知造孽，枉费苦心，无益也。

何谓真假？昔有儒生数辈，谒中峰和尚，问曰："佛氏论善恶报应，如影随形。今某人善，而子孙不兴；某人恶，而家门隆盛；佛说无稽矣。"中峰云："凡情未涤，正眼未开，认善为恶，指恶为善，往往有之。不憾己之是非颠倒，而反怨天之报应有差乎？"众曰："善恶何致相反？"中峰令试言其状。一人谓："詈人殴人是恶，敬人礼人是善。"中峰云："未必然也。"一人谓："贪财妄取是恶，廉洁有守是善。"中峰云："未必然也。"众人历言其状，中峰皆谓不然。

因请问。中峰告之曰："有益于人，是善；有益于己，是恶。有益于人，则殴人、詈人皆善也；有益于己，则敬人、礼人皆恶也。是故人之行善，利人者公，公则为真；利己者私，私则为假。又根心者真，袭迹者假。又无为而为者真，有为而为者假。皆当自考。"

何谓端曲？今人见谨愿之士，类称为善而取之；圣人则宁取狂狷。至于谨愿之士，虽一乡皆好，而必以为德之贼。是世人之善恶，分明与圣人相反。推此一端，种种取舍，无有不谬。天地鬼神之福善祸淫，皆与圣人同是非，而不与世俗同取舍。凡欲积善，绝不可徇耳目，惟从心源隐微处，默默洗涤。纯是济世之心，则为端；苟有一毫媚世之心，即为曲。纯是爱人之心，则为端；有一毫愤世之心，即为曲。纯是敬人之心，则为端；有一毫玩世之心，即为曲。皆当细辨。

何谓阴阳？凡为善而人知之，则为阳善；为善而人不知，则为阴德。阴德,天报之;阳善,享世名。名,亦福也。名者,造物所忌;世之享盛名而实不副者,多有奇祸;人之无过咎而横被恶名者,子孙往往骤发。阴阳之际微矣哉。

何谓是非?鲁国之法,鲁人有赎人臣妾于诸侯,皆受金于府。子贡赎人而不受金。孔子闻而恶之曰:"赐失之矣。夫圣人举事,可以移风易俗,而教道可施于百姓,非独适己之行也。今鲁国富者寡而贫者众,受金则为不廉,何以相赎乎?自今以后,不复赎人于诸侯矣。"

子路拯人于溺,其人谢之以牛,子路受之。孔子喜曰:"自今鲁国多拯人于溺矣。"

自俗眼观之,子贡不受金为优,子路之受牛为劣,孔子则取由而黜赐焉。乃知人之为善,不论现行而论流弊,不论一时而论久远,不论一身而论天下。现行虽善,而其流足以害人,则似善而实非也;现行虽不善,而其流足以济人,则非善而实是也。然此就一节论之耳。他如非义之义,非礼之礼,非信之信,非慈之慈,皆当抉择。

何谓偏正?昔吕文懿公初辞相位,归故里,海内仰之,如泰山北斗。有一乡人,醉而詈之,吕公不动,谓其仆曰:"醉者勿与较也。"闭门谢之。逾年,其人犯死刑入狱。吕公始悔之曰:"使当时稍与计较,送公家责治,可以小惩而大戒。吾当时只欲存心于厚,不谓养成其恶,以至于此。"此以善心而行恶事者也。

又有以恶心而行善事者。如某家大富,值岁荒,穷民白昼抢粟于市。告之县,县不理,穷民愈肆,遂私执而困辱之,众始定。不然，几乱矣。故善者为正，恶者为偏，人皆知之。其以善心而行恶事者，正中偏也；以恶心而行善事者，偏中正也；不可不知也。

何谓半满？《易》曰："善不积，不足以成名；恶不积，不足以灭身。"《书》曰："商罪贯盈，如贮物于器。"勤而积之，则满；懈而不积，则不满。此一说也。

昔有某氏女入寺，欲施而无财，止有钱二文，捐而与之，主席者亲为忏悔。及后入宫富贵，携数千金入寺舍之，主僧惟令其徒回向而已。因问曰："吾前施钱二文，师亲为忏悔；今施数千金，而师不回向，何也？"曰："前者物虽薄，而施心甚真，非老僧亲忏，不足报德；今物虽厚，而施心不若前日之切，令人代忏足矣。"此千金为半，而二文为满也。

钟离授丹于吕祖，点铁为金，可以济世。吕问曰："终变否？"曰："五百年后，当复本质。"吕曰："如此则害五百年后人矣，吾不愿为也。"曰："修仙要积三千功行，汝此一言，三千功行已满矣。"此又一说也。

又为善而心不着善，则随所成就，皆得圆满。心着于善，虽终身勤励，止于半善而已。譬如以财济人，内不见己，外不见人，中不见所施之物，是谓三轮体空，是谓一心清净，则斗粟可以种无涯之福，一文可以消千劫之罪。倘此心未忘，虽黄金万镒，福不满也。此又一说也。

何谓大小？昔卫仲达为馆职，被摄至冥司，主者命吏呈善恶二录。比至，则恶录盈庭，其善录一轴，仅如箸而已。索秤称之，则盈庭者反轻，而如箸者反重。仲达曰："某年未四十，安得过恶如是多乎？"曰："一念不正即是，不待犯也。"因问轴中所书何事，曰："朝廷尝兴大工，修三山石桥，君上疏谏之，此疏稿也。"仲达曰："某虽言，朝廷不从，于事无补，而能有如是之力。"曰："朝廷虽不从，君之一念，已在万民；向使听从，善力更大矣。"故志在天下国家，则善虽少而大；苟在一身，虽多亦小。

何谓难易？先儒谓克己须从难克处克将去。夫子论为仁，亦曰先难。必如江西舒翁，舍二年仅得之束脩，代偿官银，而全人夫妇；与邯郸张翁，舍十年所积之钱，代完赎银，而活人妻子，皆所谓难舍处能舍也。如镇江靳翁，虽年老无子，不忍以幼女为妾，而还之邻，此难忍处能忍也。故天降之福亦厚。凡有财有势者，其立德皆易，易而不为，是为自暴。贫贱作福皆难，难而能为，斯可贵耳。

随缘济众，其类至繁，约言其纲，大约有十：第一，与人为善；第二，爱敬存心；第三，成人之美；第四，劝人为善；第五，救人危急；第六，兴建大利；第七，舍财作福；第八，护持正法；第九，敬重尊长；第十，爱惜物命。

何谓与人为善？昔舜在雷泽，见渔者皆取深潭厚泽，而老弱则渔于急流浅滩之中，恻然哀之。往而渔焉，见争者皆匿其过而不谈；见有让者，则揄扬而取法之。期年，皆以深潭厚泽相让矣。夫以舜之明哲，岂不能出一言教众人哉？乃不以言教而以身转之，此良工苦心也。

吾辈处末世，勿以己之长而盖人，勿以己之善而形人，勿以己之多能而困人。收敛才智，若无若虚，见人过失，且涵容而掩覆之。一则令其可改，一则令其有所顾忌而不敢纵。见人有微长可取，小善可录，翻然舍己而从之，且为艳称而广述之。凡日用间，发一言，行一事，全不为自己起念，全是为物立则，此大人天下为公之度也。

何谓爱敬存心？君子与小人，就形迹观，常易相混，惟一点存心处，则善恶悬绝，判然如黑白之相反。故曰：君子所以异于人者，以其存心也。君子所存之心，只是爱人敬人之心。盖人有亲疏贵贱，有智愚贤不肖；万品不齐，皆吾同胞，皆吾一体，孰非当敬爱者？爱敬众人，即是爱敬圣贤；能通众人之志，即是通圣贤之志。何者？圣贤之志，本欲斯世斯人，各得其所。吾合爱合敬，而安一世之人，即是为圣贤而安之也。

何谓成人之美？玉之在石，抵掷则瓦砾，追琢则圭璋。故凡见人行一善事，或其人志可取而资可进，皆须诱掖而成就之。或为之奖借，或为之维持，或为白其诬而分其谤，务使之成立而后已。

大抵人各恶其非类，乡人之善者少，不善者多。善人在俗，亦难自立。且豪杰铮铮，不甚修形迹，多易指摘。故善事常易败，而善人常得谤。惟仁人长者，匡直而辅翼之，其功德最宏。

何谓劝人为善？生为人类，孰无良心？世路役役，最易没溺。凡与人相处，当方便提撕，开其迷惑。譬犹长夜大梦，而令之一觉；譬犹久陷烦恼，而拔之清凉，为惠最溥。韩愈云："一时劝人以口,百世劝人以书。"较之与人为善,虽有形迹,然对症发药,时有奇效,不可废也。失言失人,当反吾智。

何谓救人危急?患难颠沛,人所时有。偶一遇之,当如恫瘝之在身,速为解救。或以一言伸其屈抑,或以多方济其颠连。崔子曰:"惠不在大,赴人之急可也。"盖仁人之言哉!

何谓兴建大利?小而一乡之内,大而一邑之中,凡有利益,最宜兴建。或开渠导水,或筑堤防患;或修桥梁,以便行旅;或施茶饭,以济饥渴;随缘劝导,协力兴修,勿避嫌疑,勿辞劳怨。

何谓舍财作福?释门万行,以布施为先。所谓布施者,只是舍之一字耳。达者内舍六根,外舍六尘,一切所有,无不舍者。苟非能然,先从财上布施。世人以衣食为命,故财为最重。吾从而舍之,内以破吾之悭,外以济人之急。始而勉强,终则泰然,最可以荡涤私情,祛除执吝。

何谓护持正法?法者,万世生灵之眼目也。不有正法,何以参赞天地?何以裁成万物?何以脱尘离缚?何以经世出世?故凡见圣贤庙貌,经书典籍,皆当敬重而修饬之。至于举扬正法,上报佛恩,尤当勉励。

何谓敬重尊长?家之父兄,国之君长,与凡年高、德高、位高、识高者,皆当加意奉事。在家而奉侍父母,使深爱婉容,柔声下气,习以成性,便是和气格天之本。出而事君,行一事,毋谓君不知而自恣也。刑一人,毋谓君不知而作威也。事君如天,古人格论,此等处最关阴德。试看忠孝之家,子孙未有不绵远而昌盛者,切须慎之。

何谓爱惜物命？凡人之所以为人者，惟此恻隐之心而已；求仁者求此，积德者积此。《周礼》："孟春之月，牺牲毋用牝。"孟子谓君子远庖厨，所以全吾恻隐之心也。故前辈有四不食之戒，谓闻杀不食，见杀不食，自养者不食，专为我杀者不食。学者未能断肉，且当从此戒之。

渐渐增进，慈心愈长。不特杀生当戒，蠢动含灵，皆为物命。求丝煮茧，锄地杀虫，念衣食之由来，皆杀彼以自活。故暴殄之孽，当于杀生等。至于手所误伤，足所误践者，不知其几，皆当委曲防之。古诗云："爱鼠常留饭，怜蛾不点灯。"何其仁也？

善行无穷，不能殚述。由此十事而推广之，则万德可备矣。

第四篇　谦德之效

《易》曰："天道亏盈而益谦，地道变盈而流谦，鬼神害盈而福谦，人道恶盈而好谦。"是故谦之一卦，六爻皆吉。《书》曰："满招损，谦受益。"予屡同诸公应试，每见寒士将达，必有一段谦光可掬。

辛未计偕，我嘉善同袍凡十人，惟丁敬宇宾，年最少，极其谦虚。予告费锦坡曰："此兄今年必第。"费曰："何以见之？"予曰："惟谦受福。兄看十人中，有恂恂款款，不敢先人，如敬宇者乎？有恭敬顺承，小心谦畏，如敬宇者乎？有受侮不答，闻谤不辩，如敬宇者乎？人能如此，即天地鬼神，犹将佑之，岂有不发者?"及开榜,丁果中式。

丁丑在京,与冯开之同处,见其虚己敛容,大变其幼年之习。李霁岩直谅益友,时面攻其非,但见其平怀顺受,未尝有一言相报。予告之曰:"福有福始,祸有祸先,此心果谦,天必相之。兄今年决第矣。"已而果然。

赵裕峰光远,山东冠县人,童年举于乡,久不第。其父为嘉善三尹,随之任。慕钱明吾,而执文见之。明吾悉抹其文,赵不惟不怒,且心服而速改焉。明年,遂登第。

壬辰岁,予入觐,晤夏建所,见其人气虚意下,谦光逼人。归而告友人曰:"凡天将发斯人也,未发其福,先发其慧。此慧一发,则浮者自实,肆者自敛。建所温良若此,天启之矣。"及开榜,果中式。

江阴张畏岩,积学工文,有声艺林。甲午,南京乡试,寓一寺中,揭晓无名,大骂试官,以为眯目。时有一道者,在傍微笑,张遽移怒道者。道者曰:"相公文必不佳。"张益怒曰:"汝不见我文,乌知不佳?"道者曰:"闻作文,贵心气和平,今听公骂詈,不平甚矣,文安得工?"张不觉屈服,因就而请教焉。

道者曰:"中全要命;命不该中,文虽工,无益也。须自己做个转变。"张曰:"既是命,如何转变?"道者曰:"造命者天,立命者我。力行善事,广积阴德,何福不可求哉?"张曰:"我贫士,何能为?"道者曰:"善事阴功,皆由心造。常存此心,功德无量。且如谦虚一节,并不费钱,你如何不自反而骂试官乎?"

张由此折节自持,善日加修,德日加厚。丁酉,梦至一高房，得试录一册，中多缺行。问旁人，曰："此今科试录。"问："何多缺名？"曰："科第阴间三年一考较，须积德无咎者，方有名。如前所缺，皆系旧该中式，因新有薄行而去之者也。"后指一行云："汝三年来，持身颇慎，或当补此，幸自爱。"是科果中一百五名。

由此观之，举头三尺，决有神明；趋吉避凶，断然由我。须使我存心制行，毫不得罪于天地鬼神，而虚心屈己，使天地鬼神，时时怜我，方有受福之基。彼气盈者，必非远器，纵发亦无受用。稍有识见之士，必不忍自狭其量，而自拒其福也。况谦则受教有地，而取善无穷，尤修业者所必不可少者也。

古语云："有志于功名者，必得功名；有志于富贵者，必得富贵。"人之有志，如树之有根。立定此志，须念念谦虚，尘尘方便，自然感动天地，而造福由我。今之求登科第者，初未尝有真志，不过一时意兴耳。兴到则求，兴阑则止。

孟子曰："王之好乐甚，齐其庶几乎？"予于科名亦然。

附录二 袁了凡居士传

(清)彭绍升

袁了凡先生，名黄，字坤仪，江南吴江人。了凡之先，赘嘉善殳氏，遂补嘉善县学生。隆庆四年，举于乡。万历十四年，成进士，授宝坻知县。后七年，擢兵部职方司主事。会朝鲜被倭难，来乞师，经略宋应昌奏了凡军前赞画，兼督朝鲜兵。提督李如松以封贡绐倭。倭信之，不设备，如松遂袭破倭于平壤。了凡面折如松，不应行诡道亏损国体，而如松麾下又杀平民为首功。了凡争之强，如松怒，独引兵而东。倭袭了凡，了凡击却之，而如松军果败。思脱罪，更以十罪劾了凡。而了凡旋以拾遗被议，罢职归。居常善行益切，年七十四终。熹宗朝追叙征倭功，赠尚宝司少卿。了凡自为诸生，好学问，通古今之务，象纬律算兵政河渠之说，靡不晓练。其在宝坻孜孜求利民。县数被潦，了凡乃浚三汊河筑堤以御之。又令民沿海岸植柳，海水挟沙上，遇柳而淤，久之成堤。治沟塍，课耕种，旷土日辟，省诸徭役以便民。家不富而好施。居常诵持经咒，习禅观，日有课程，公私遽冗，未尝暂辍。著戒子文四篇行于世。夫人贤，常助之施，亦自记功行。不能书，以鹅翎茎渍硃，逐日标历本。或见了凡立功少，辄颦蹙。尝为子制冬袄，将买花絮。了凡曰："丝绵轻暖，家中自有，何必买絮？"夫人曰："丝贵花贱，我欲以贵易贱，多制絮衣以衣冻者耳。"了凡喜曰："若如是，不患此子无禄矣。"子俨后亦成进士，终高要知县。

大意：

袁了凡先生，名黄，字坤仪，吴江县（在今江苏省）人。早年入赘嘉善县（在今浙江省）殳姓人家，补入嘉善县生员。明穆宗隆庆四年（公元一五七〇年），了凡参加乡试中了举人。明神宗万历十四年（公元一五八六年）考上进士，被任命为宝坻（今天津市宝坻区）知县。七年后，擢升为兵部职方司主事。

在任时，恰逢日本倭寇侵犯朝鲜，朝鲜向中国请求援兵。当时经略朝鲜军务的宋应昌奏请袁了凡为军前赞画（相当于参谋），并负责督导支援朝鲜的军队。提督李如松假意以封贡为条件与倭寇谈和，倭寇信以为真，没有设防，李如松趁机突袭，攻下了平壤。对此，了凡当面批评李如松，指其用诡诈手段对付倭寇，这样有损大明朝的国体；而且李如松麾下的士兵还滥杀平民百姓，以此邀功。了凡据理力争，李如松不听劝诫，一怒之下，独自带兵东去。倭寇因而乘机进攻了凡的军队，所幸了凡镇定退敌，而李如松的军队最终落败。落败后，为谋脱罪，李如松罗织十项罪名弹劾了凡；了凡很快就被免职，返归故里。回乡后，了凡在日常生活中更加恳切地行善助人，直到七十四岁逝世。

明熹宗时，朝廷追叙了凡征讨倭寇的功绩，追赠他为"尚宝司少卿"，了凡得以平反。

了凡在学生时期就非常喜欢研究学问，古今之事，天文、象数、兵备、政治、地理、水利等，没有他不明白通达的。

在宝坻当知县时，了凡孜孜以求的，是为百姓谋福利。宝坻县地处沿海，他在任时，县城几次被淹，他于是组织疏通三汊河河道，并筑堤以抵挡洪水侵袭。还发动百姓沿海岸种植柳树，海水泛滥，挟带泥沙冲上岸时，泥沙遇到柳树就淤积起来，久而久之，便堆积成一道堤防。了凡还督导百姓建造沟渠，传授百姓耕种知识，荒芜的土地日渐开垦出来；又免除百姓种种徭役以利民生，使百姓能安居乐业。

了凡家里并不富裕，却乐善好施。他每日诵经持咒，参禅打坐，修习止观，不论公私事务如何繁冗，早晚定课从不间断。有四篇《戒子文》行于世（即《了凡四训》）。

了凡的夫人很贤惠，经常助他行善布施，并记录功德善行。她不会写字，于是用鹅毛管蘸印泥，每天在历书上做记号。有时见了凡一天所做功德较少，她就连连皱眉头，希望丈夫能多多行善。

有一次，她要买棉絮为儿子缝制过冬的棉袄。了凡问："家里就有丝绵，又轻又暖，何必买棉絮呢？"夫人说："丝绵贵，棉絮便宜，我想拿家里的丝绵多换点棉絮，多做些棉衣给受苦受冻的人。"

了凡听了非常高兴,说:"你如此虔诚布施,不怕我们孩子没有福报了!"他们的儿子袁俨后来也考中了进士,官至高要(在今广东省)知县。

我的学术和文化传播之路

（代后记）

人活着，有自觉的状态，也有不自觉的状态。吃喝拉撒，忙东忙西，不知道为何如此，这是一种不自觉的状态。反之，为什么活着，为什么这样活着，清清楚楚，这是一种自觉的状态。我以一个普通大学老师的身份，走上了学术支撑下的中华文化传播道路，其中有着若干缘由。人生有不同的发展阶段，应该时时总结和自我反思，并把这种人生体悟分享出来，以供大家参考和指教。

另一方面，我已经出版的书和网络上传播的课程，往往限于特定的情境而不能比较全面地表达我的所思所想，因此我希望通过这种比较系统的梳理，向大家更好地介绍我的想法。当然，"易"为宇宙常态，人生也处在日新又新的过程之中，今后的我必然还有很多新的思考，但这种阶段性的总结，也有它的意义和价值。

思考的十五岁——人生的第一个转折

在我从童年到今天的成长经历中，有几次影响我一生的触动，改变了我的生命轨迹。

初中之前，我只是懵懵懂懂地生活，对于人生未来的很多事情，未曾认真思考。一直到参加中考的那一天，我才开始认真思考未来的生活。由于初中学习成绩比较差，我只能报考离家很近的农村高中。参加考试的那天早上，母亲唯恐耽误我的考试，天刚刚亮，大概只有不到五点钟的样子，就起来给我做早饭。水煮开了，需要下小米。可米缸放在我睡觉的屋子，母亲一方面需要推门取米，一方面希望我多睡一会儿，可以精力充沛地参加考试，以取得更好的成绩，于是蹑手蹑脚地走过我的床前。可当时我已经醒了，我当然知道母亲这样做的目的，只能装作睡着。当时，我内心陡然生起了很大的自责：我的成绩并不好，可母亲并不知道具体的情况，还以为自己的孩子学习成绩很好，想尽一切办法照顾好孩子，可我怎么对得起母亲的辛劳和爱护呢？

起床后，吃过早饭，我骑着自行车去报考的高中参加考试，可内心里开始沉重起来：我如果考不上怎么办？如何对得起父母的这份奉献和付出？我如何面对我的将来？在参加考试的时候，无论是熟悉的题目，还是不熟悉的题目，我争取多写字，只能通过这种方式表示我的自责和弥补。考试结束后，我在田间地头干活，经常累了就坐在地头的草地上，望着远方，思考自己的将来。如果考不上高中，大概率是去打工，然后回到农村按部就班地生活。我觉得我没办法接受这样的未来，更没办法面对我的父母。可是，成绩并不好的我，能考上高中吗？可以说，那个生命中的十五岁，是我开始思考人生的十五岁。我想了很多，内心开始积聚力量，心想：如果我能考上高中，必将珍惜时光，一定要换一个状态，一定要通过自己的努力报答父母。

后来，成绩张榜，我虽然排在录取名单的倒数几名，但毕竟被正式录取，算是老天给了我一根救命的稻草。上高中以后，我的整个状态开始变化，刻苦用功，发愤图强，忘我奋斗，这都是当时的真实状态，没有什么夸张之词。以至于我特别不希望放假，一旦离开学校，离开读书，我就不知道怎么办才好，觉得最幸福的生活和时光就是在学校看书、做题。1994年7月，参加高考之前，我们毕业生都要离开生活了三年的母校，我的内心非常不舍，收拾着陪伴自己高中生活的书本、课桌，一幕幕的过往如放电影般从眼前划过，让人感慨万千。直到今天，我还记得毕业离校时的情景。

高考结束，我是我们那一级唯一考上本科的文科生，被山东聊城师范学院（现为聊城大学）政治系录取。和重点高中的同学比，我的成绩并不是出类拔萃的，但对于我的高中母校，已经是创造了历史。再回望我的高中生活，内心满满的感恩。应该说，我生命中的第一个转折是在莘县二中读书期间，从因感父母养育之恩而发奋读书，到三年后考上聊城师范学院，这是影响我命运的三年。以至于后来一段时间，路过母校周围，心里都特别触动，那里的一草一木，每一块土地，记载了我三年的青春，那是我留下足迹和奋斗成长的地方，特别有感情。我想大家也一样，凡是真正用心的经历，都会刻骨铭心。

找到一生的学术兴趣——中国思想史

虽然考上了大学,但我的心气很高,觉得聊城师范学院不是我学习的终点。入学后,有一次我在校园里散步,忽然看到一个橱窗里的消息:上面张贴了聊城师范学院政治系考上研究生的同学的信息,有的考上北大,有的考上复旦,有的考上广东省委党校,等等,总共二十多个人。我心里一动,阴郁的心情一扫而光:这不就是我的未来吗?大学考得不够理想,我还可以通过更多的努力,通过考研究生走上更高的平台。于是,我的大学四年,与一般同学多少有点不同。我延续了高中的起早贪黑,经常去图书馆,下大功夫读书,希望可以考上研究生。在选择考取什么专业的时候,实话说并不知道自己究竟适合学什么专业,只是觉得一定要考上才行,还不知道怎么规划未来。多年以后,再回忆我的大学,越来越感觉我的大学聊城师范学院是一所非常好的大学,学风严谨,大家都很用功,可惜匆匆向前追逐的年华里,没能够很好地欣赏大学的美好。

后来,我考取首都师范大学政法学院的研究生,随著名的党史专家聂月岩先生学习。在读研期间,聂老师对我们非常宽容,允许我们在学术上按照自己的兴趣发展。聂老师的这种对学生的爱护和宽容,对后来我的成长意义重大。正是在兼容并包的阅读和思考中,我逐渐感知到了终生为之奋斗的专业是什么。

我读研究生的首师大,在北京西三环北路 105 号,有专门的研究生阅览室,阅览室的老师对同学们非常友好。只要不上课,我每天都去阅览室读书。渐渐地，我发现了这样一个现象：我在某一个书架读书时，经常会站在那里，一两个小时过去了也浑然不觉，甚至总是忽然发现已经到了闭馆的时间。几次类似经历之后，我开始审视这个书架，发现上面全是中国哲学、中国思想史、中国历史等方面的书籍。未经任何外在力量的引导，这里的书可以让我驻足一两个小时，沉浸其中，这就是人们平时所说的发自内心的兴趣所在。意识到这一点，我就想今后学术研究的方向，应该就和中国思想史有关。

在读研究生期间，经师兄介绍，我曾邀请著名史学大家张岂之先生来首师大做讲座，给研究生讲授二十世纪有代表性的四位史学大家：梁启超先生、王国维先生、陈寅恪先生、郭沫若先生。这期间，我不仅感受到了张先生的风范、人格和学问，也因此与他结下了一个缘分：日后去张岂之先生主持的西北大学中国思想文化研究所做博士后研究。

对自己的反思：自知者明

研究生毕业后，我入职中国政法大学，开始的身份是学生辅导员，兼任某一个学院的分团委书记。在这三年中，我熟悉了学生管理和服务的工作，同时也知道了自己的不足和应该努力的方向，重新唤醒了从事中国哲学和中国文化研究的决心。

学生管理工作涉及方方面面，不仅考验自己的耐心、敬业程度和管理、服务水平，而且也涉及方方面面人际关系。我自己做人简单、直率，工作认真与单纯幼稚并存，因此也得到了一些教训。正是在这个过程中，我意识到做管理并非自己的长处，更不是自己的喜好。在我的心灵深处，总是觉得应该从事教育，应该成为一个教书育人的人。工作时间长了，这种意识也越来越强烈，甚至有了不惜一切代价也要去读博士的愿望。2004年，我送走了我所带的2000年入学的班级，算是我作为辅导员工作的阶段性结束。趁着这个时候，我考取了北京师范大学哲学与社会学学院的马克思主义哲学方向的博士研究生，为自己的转型做准备。

为什么在中国政法大学工作，却选择了北师大马克思主义哲学作为攻读方向呢？这缘于两个考虑：在读硕士期间，自己内心对哲学、中国哲学产生了浓厚的兴趣，这个兴趣来自心灵深处，而且觉得除了哲学之外，其他学科没有什么吸引我的地方。再就是博士研究生备考期间，我还要从事辅导员工作，在时间很紧张的情况下，我只能准备自己相对有一点基础的学科，那就是马克思主义哲学。后来，我从北师大领到博士录取通知书，回到昌平，正好是2004年4月下旬的一个下午，春雨蒙蒙，我一个人走到学校的后山，淋着蒙蒙的细雨，放声歌唱，把自己从小听过的、喜欢的歌曲几乎都唱了一遍。调子对与不对，好听不好听，都不在我的考虑范围之内，为的就是把自己喜悦的心情表达出来。

在我心里，能够读哲学博士，比读金融、法律等好无数倍！当然，每个学科都好，都有它的价值，都是人类文化进步的组成部分，可是在我的心里，能够读哲学博士，才真正让我欢喜，让我畅快淋漓。

读博与学术转型

读博士期间的导师是著名的哲学大家韩震先生。韩震老师有非常高的哲学修养，什么问题到了他那里，他都能穿透现象，条理清晰地抓到事物本质的东西。韩老师学术起步于西方的历史哲学，在对人类社会的解读方面，他尤其能够用极其精练的语言概括人类社会不同发展阶段的实质，对此我受教良多。有一次，在谈及文艺复兴以来人类社会五百多年的发展时，韩老师用主体性原则的确立加以概括；对于人的一生，他用生成的存在加以概括；对于启蒙运动以来理性主义的发展史，他提出批判的历史理性概念。在我准备以李大钊先生的思想为主题撰写博士论文的时候，韩老师告诉我：近代中国思想史，实际上是民族性和现代性互动展开的思想史，要在这个框架里让李大钊的思想立体、系统起来。这是一个非常精练的概括，比较清晰地总结了中国近代思想史的研究框架，可以说是中国近代思想史研究的范式。

如果说读硕士的三年让我找到了一生为之奋斗的专业方向，而读博士的三年，可以说是真正为学术打基础的时期，它一定程度上训练了我的哲学思考能力，为我将来分析问题打下了哲学思维方式、深刻思考能力和如何清晰表达的基础。尤其需要提及的是，在博士即将毕业的时候，有一本书给了我云破天开的启示。大约在2007年4月下旬，我第一次接触南怀瑾先生解释佛教经典的《楞严大义今释》。阅读过程极为震撼，一下子知道了世界上顶尖的哲人在思考一个什么问题、在做一件什么样的事，也由此知道了形而上学真正的含义。从今以后，我再读古今中外的大思想家的著作时，就会去看这个思想家是否思考到宇宙、人生最根本的问题，思考到什么程度，也因此就有了评价和梳理的尺度和方法。

2007年7月，我从北师大博士毕业，到了中国政法大学马克思主义学院思政研究所工作。这个机缘，还要特别感谢我的同事，更是老兄，也可称得上我的老师——段志义老师。段老师很早从北师大毕业后来中国政法大学工作。他为人非常善良，内心正直，看淡名利，尤其是思想敏利，看问题独到深刻，与他谈话可以学到很多东西。早在2002年的时候，我曾经和段老师吃过一次饭，其间我们聊了一些话题，让我对段老师特别有好感。从那以后，段老师就记住了我这样一个政法大学工作的同事，觉得我是一个适合教书的人。博士毕业后，我找到段老师，问能否到思政研究所工作，段老师欣然应允，中间经历了一些困难，但段老师无私的帮助，让我内心充满深深的感恩。

入职以后，我的内心更生起一种力量：那就是一定要花时间专门到中国哲学学科深造，以满我从1998年读研究生以来的心愿。于是我申请到西北大学中国思想文化研究所的历史学（中国思想史）博士后流动站学习，在这个过程中张岂之先生给了我极大的帮助。

张先生1946年考到北京大学，新中国成立后跟随侯外庐先生到西北大学教书，专注于中国思想史的研究，后来做了西北大学校长，是新史学五大家（郭沫若、侯外庐、翦伯赞、范文澜、吕振羽）之一侯外庐学派的代表。清华大学重建文科时，被清华大学特聘。我于 1999 年、2000 年作为首师大研究生会学术部负责人，曾两次邀请张先生来首师大做讲座。在联系和接送张先生的过程中，他的大家风范，他对后辈学子的提携爱护，他对问题的深刻认知，给我极深的印象。正是从那个时候起，我下定决心，将来如果有机会，一定到张先生门下读书，踏踏实实地在中国思想史学科上下一番功夫。2007 年 10 月，我正式提交申请，西北大学人事处的同志觉得我的资料比较单薄，发表的核心期刊论文不够多，因此有点犹豫。张先生则专门给人事处打电话，向他们介绍我的情况，我这才得以顺利进入西北大学中国思想文化研究所历史学（中国思想史）博士后流动站读书和研究。

聚焦中国文化的未来

在学术界有这样的一种现象：每一个人极容易被自己的学科和眼界所遮蔽，只看到自身学科的价值，过多地强调自身学科的重要性，而不能全面圆融地看问题。张先生则不然。他非常理性地看待中国思想史，既充分肯定中国文化的价值，同时对人类其他文化的价值也充分重视，力求避免对自己所研究学科的迷信，这给我极大的帮助。他曾经说：越是研究中国思想史，越要善于学习欧美等其他文化形态的优势；反之，越是研究西方哲学，越觉得中国文化的伟大和独特价值。一个民族的文化走向封闭，缺少了融汇天下的自觉和胸襟，往往是文化走向衰败和凋零的征兆。而且，张先生继承了侯外庐学派的优势和特点，运用马克思主义的立场观点和学术方法研究中国思想史，将思想史与社会史有机统一，能够在社会发展史、政治、经济、不同文化形态互动、国内外交往的大背景下研究思想史的内在脉络和思想展开，能够尽可能客观地看待思想史的面貌，尽可能避免一叶障目不见泰山的学术封闭现象，这让我受益良多。

从2007年11月入站，到2011年9月出站，在这期间，我认真地阅读了儒家的四书五经、道家的《老子》《庄子》、佛家的《六祖坛经》《金刚经》《法华经》等元典，并在这个过程中接触到著名的文化大家南怀瑾先生的著作，南先生的书对我能够入门中国哲学原著起了不可替代的作用。在撰写博士后出站报告的时候，我想对近代以来中国文化出路的探索做一个梳理和总结，并尝试做一个自己的回答。中国文化自宋明以来，虽然理论化形态的建设有了进步，但开始走向封闭、僵化和保守，少了盛唐时候的恢宏大气和开放胸襟，而且理学将南宋以来的社会上的纲常礼教视为不可变更的"天理"，从而严重窒息了社会的活力，再加上过于苛刻的纲常礼教，使得中国开始走上精神的萎缩和凋零，甚至出现了"万马齐喑究可哀"的局面。

一个国家、一个民族，对人性的弱点固然不能鼓吹释放，可如果过于禁锢人性则必然会丧失整个社会的活力和创造力。应该说，自十五、十六世纪后，整个人类社会都处在巨大突破的前夜。遗憾的是，欧洲自十六世纪文艺复兴开始，走上了极大地释放人性活力的道路，而中国则错失机遇，自十七世纪清朝取代明朝，一下子跌入更加封闭和僵化的深渊。自此，中国出现了封闭僵化、积贫积弱的衰败景象，一直到近代新文化运动和中国革命运动，中国才开始走出衰败的曲线，走上国运转折的新征程。

我们总结这一段历史，会发现中国之所以在近代遭受如此大的国难，丧权辱国，其中很重要的原因就是在大历史转折年代没有形成与时代前进相契合的新文化形态。无论是传统的文化观念、理论形态，还是价值观念、思维方式等等，很多内容与十七世纪以来世界大势的发展不相契合。因此，如何形成与整个世界大势相契合并且能够引领人类文明前行的新文化形态，这是我们中华民族必须正视的时代课题和文化责任。

当然，这个问题的解决，需要好好地梳理历史，需要我们敞开胸怀融汇人类不同的文化优势为我所用，也要立足社会发展过程中面临的实际问题，在这些基础上做出新的创造和思考。基于这些考量，我在撰写博士后出站报告的时候，选择近代儒学的代表人物包括清流派的李鸿藻、洋务派的张之洞、新儒家的代表梁漱溟等为历史节点，通过总结梳理他们对中国文化出路的思考来审视、反思中国新文化形态的建构问题。

我的看法是，西方文艺复兴以来的现代性模式，其所强调的人性解放，过于强调"小我"的价值，没有能够对人性弱点释放以后带来的问题做出全面、正确的认知，这导致了文艺复兴以来人类社会的种种战争和血腥，自然环境受到巨大破坏，社会达尔文主义盛行等等"现代性问题"。这都是当今人类必须回应的重大时代课题。真正回应这些课题，需要我们从文艺复兴以来人类社会的根基"主体性解放"这个基础概念重新阐释出发，建构一个能够倡扬道心（人性之中的积极力量）、以道心统率人心（人性之中的弱点）的文明之路。这个道路，并没有否定主体性解放的历史大势，而是对主体性概念本身以中国文化的智慧做了重新阐释和解读，从而力争超越欧美发展过程中带给人类的种种灾难，从而建构出能够引领人类向更高层次发展的新文化形态。

正是在这个过程中，我有一个判断：中华民族的伟大复兴，绝不是照抄照搬欧美现代性模式的复制品，而是融汇人类文明优势以后结合中华智慧做出的再创造。中国如果不能提出比当今欧美文化体系更高层次的文明体系，就不可能成为未来人类发展的新标杆，如果只是复制欧美三四百年以来的东西，中华民族绝不可能实现伟大复兴，也不可能走到世界舞台中心。对此，希望更多的中国学者能够有这个清醒认识，不做西方学术体系、理论体系、话语体系等的传声筒和复读机。中国新文化的未来，要根植中华文化，奠基中国和当今世界发展的现状、问题与未来趋势，融汇人类文化一切优势为我所用，创造出引领中国和世界向更高层发展的新文化体系。

文化要赢得人民

学术思考和文化传播不是一回事，可它们之间有着极为密切的联系。没有学术的支撑，没有深刻的思想，仅凭语言的华丽，文化传播的深度和力量就无从谈起；没有走向人民的文化传播，再深刻的思想，再敏锐的洞察，如果只是躺在书斋里或者满足于论文登上核心期刊，也很难变成人民大众的磅礴之力。我力争以学术的思考为支撑，做好文化传播工作，尽可能用优秀的文化润泽社会，为提升中华民族整体的文化素养做一点很微薄的工作。

在中国政法大学思政研究所工作期间，有一件事引发了我深深的思考，对于我们走向大众文化传播意义重大。2014年春夏之交，学校派我参加教育部思政老师的培训，在坐地铁去北京大兴区校长大厦学习的时候，刚走出地铁，一位拖地打扫卫生的女工人，塞给我一张宣传纸，上面印的是国外某宗教的宣传信息。这本来是稀松平常的一件事，却引起了我的高度注意。我在想：我们最平凡的劳动人民都来为国外的宗教做宣传，难道国外宗教的力量已经发展到最平凡的老百姓中去了？果真如此，那就是非常严重的问题了。文化依赖人传，如果人都丢了，文化如无根之木，必然退出历史舞台，这是学习和弘扬中国文化的人要注意的问题。

我们绝不排外，尊重任何一个文化形态，但珍爱自己的文化传统，也是我们的本分。

什么才是中国人的核心标识

中华民族几千年历久弥新，经历无数磨难不倒，能够生生不息走到今天，成为人类文明史上的奇迹，其原因就是中华文化的滋养和塑造。

我们为什么是中国人？不是因为地域、吃饭穿衣等外在的因素，而是中华文化的养育造就了中国人独特的精神家园和心灵世界。如果中华文化的根基被摧毁，中华民族会万劫不复。这件事情引起了我很大的思考：当我们的学者们为了评职称忙于发表各种核心期刊论文的时候，当受过高等教育的知识分子在书斋里埋头文字章句的时候，我们的老百姓已经被其他国家的意识形态、宗教文化等给征服了，这是关系国基的大问题。我不排斥任何一个民族的文化，可我们是中国人，我们有守护中华文化的责任和使命。只有坚定了中华文化的立场，我们才有面对世界的信心和能力。如果中国亿万的老百姓被其他国家的文化征服了，一个看似庞大的中国，根系和地基就被肢解了，结果只能是轰然倒塌。在看到这个现实后，我决心要做点什么，而不是单纯在书斋里撰写发表于核心期刊的论文。

求仁得仁——专注做好中华文化传播

在有这个想法的时候，面临一个现实的问题：中国的学术评价体系就是看一个人在核心期刊发表多少论文，能争取多少国家课题等等。面对老百姓的文化传播产品、图书等，在评职称方面几乎毫无价值。人的精力、能力有限，如果我做了面对人民文化需求而从事文化传播的决定，我的职称评定就可能出问题，在评定教授所要求的条件中，我很难做到两全。人生也是如此，花好月圆，可以作为人们的美好愿望，事实上只能是求什么、舍什么，要清清楚楚。

2015年春天，我的母亲被检查出严重的疾病。母亲对于我的影响太大，可以说没有父母的影响，绝没有我的成长。小的时候，虽然我家很穷，但母亲经常给邻居送一些东西，给一些家庭条件更不好的孩子送鞋子、衣服。大街上来了讨饭的人，母亲从来没有嫌弃，总是让我拿着自己家里吃的东西给讨饭的人送去。母亲没有上过学，并不知道德行和善良的学术概念，但她一生中点点滴滴的言行，向我昭示着什么叫善良，母亲给我的影响是她言传身教而来的。正是通过对父母的感知，我感受到了千千万万劳动人民的伟大，发自内心对劳动者充满敬意和尊重，并希望为劳动人民做一点力所能及的工作。

知道了母亲病重的消息，我的心里万分痛苦，曾想如果能够以我的生命换取母亲长寿多好！在这个过程中，我在想，我用什么方式报答父母的养育之恩？想来想去，觉得我要为国家做一点真正有意义的事，以此报答母亲对我的养育和栽培！我是一个很普通的知识分子，没有其他能力，或许我以自己的专业，为传承中华文化、护养中华文脉做一点力所能及的事，这就是我对母亲最好的报答。

下定决心后，我迅速创造条件，要以我一生的努力为弘扬中华文化做点事，真正让文化走进人民、扎根人民、服务人民，并在这个过程中赢得人民，从而打牢做一个真正中国人的根基！我想有了这个根基，中国走向世界，学习天下的好东西为我所用，推进改革开放，等等，无论遇到多大的挑战，中华民族的精神永不萎缩，中华文化的生命也永不凋零！

由此，我也明白和体验了一个人从懵懂到找到真正兴趣、再到树立自身使命的生命过程。兴趣，属于个体色彩，重在满足个人的生命体验感；使命是面向人民大众，重要的是为国家、人民承担责任。如果说我喜欢中国思想史、中国哲学、中国文化，这只是我的个人兴趣的话，从事中华文化传播，将中华文化传播到人民之中，让每一个中国人打上中国印、烙上中国魂、印上中国心，真正做一个支撑国运的大写中国人，则是我的使命担当。

不求全责备，坚守大是大非

几年以来，在从事中国文化传播的过程中，我经历了很多，反思了很多，深知自己的缺点多多，在身心性命之学上还需要下大功夫，做人做事也有很多不圆满，有很多教训。但是，我愿意听取任何一个人善意的批评，愿意随时发现自己的缺点、不断改正自己。在人生的细节上，我没有能力完美，有很多缺点；但在大是大非的问题上，我力争不要犯错。

我是一个中国人，永远站定国家立场，无论怎样海纳百川，都不忘记我是中国人，要为自己的国家服务。我阅读历史，深知今天的国运来之不易，我拥护中国共产党，知道没有这样一个干净纯洁、敢于担当、坚强的领导力量，中国的发展无从谈起。我主张向全世界学习，但无论怎么学习，都要以我为主，为我所用，而不是做西方的复读机和传声筒。我致力于中华文化的传播，但深知中华文化有不少必须反思的问题，必须保持清醒。尤其是十七世纪以来，创造新文化体系的时代任务并未完成，对此，我们每一个中国人都责无旁贷。而且，这个新文化体系，绝不仅仅是中国固有的传统文化，而是立足时代、面向未来、奠基中华文化而融汇人类一切文化优势为我所用之后创造的新形态。这个新文化，首先是中华文化自我扬弃、自我发展而在新的时代展现的新形态；其次是在反思和回应文艺复兴以来人类社会内在积弊和困境的基础上，创建的能够引领人类向更高层次发展的文明形态。

贯通古今，融汇中西

特别需要提及的是，我在中国政法大学思政研究所工作的十多年，下大功夫对中国近代史、中共党史等领域做了系统的思考，这对于我们思考和把握整个中国思想史有着不可替代的意义。专注于某一领域的专家，容易有一个弊端，那就是困于自己特定的领域而看不到其他领域的价值，更难做到不同学科、不同领域之间的融会贯通。

我在阅读中国思想史、中国近代史、中共党史的时候，感觉到这虽然表现为中国思想史发展的不同阶段，但其内在的连贯性也是显而易见的：中华民族最生机勃勃、历久弥新的伟大民族精神，在近代以前的表现就是中华优秀传统文化，在近代中国历史上的表现就是包括林则徐、谭嗣同、孙中山等在内的志士仁人救国救民的精神，中国共产党成立以后，伟大的民族精神和中华文化智慧就浸润在中国共产党的历史之中。中国共产党历史上的杰出领袖和领导人,如毛泽东、周恩来、朱德等,他们的壮阔人生,就是伟大的民族精神和博大的中华智慧在实践中的生动体现。这一个过程,既有历史的传承,也有不同阶段的创新和成就,共同构成了波澜壮阔的中国历史和中国思想史的演进和发展。

当前有一种现象:在讲述中华文化的时候,习惯就文本而文本,以儒释道的经典文本为依据,讲授中华文化。这当然有它的道理,但中华文化的智慧,绝不仅仅静躺在书本之上,或者说文本不过是中国精神和中国智慧的载体而已,而"活"的中国智慧和中国精神,就在近代以来为中华民族的尊严和人民的幸福而不懈奋斗的征程中。那些将自己的生命融入中华民族振兴事业的伟大人物,就是中华民族伟大精神生生不息的杰出代表和生动体现。一句话,讲授和宣传中华文化,不仅要讲历史、讲文本,更要讲当下,这样讲出的,才是一部鲜活的、流动的中国智慧和中国精神的人类文明画卷。

我虽然做了中国文化传播工作,但深知学术的思考是做好这项工作的基础。文化传播不是江湖,不是嘴皮说得天花乱坠,必须以严谨的学术研究和思考为基础。传播的方式和内容要通俗,要人民喜闻乐见,可支撑的内容必须经过严谨的思考,必须经得起历史的检验,这样的传播对国家、人民才真正有价值有意义。

《论语》中有两次记录孔子对自身思考的概括:吾道一以贯之。一次是子贡和夫子对话。子曰:"赐也,女(汝)以予为多学而识之者与?"对曰:"然。非与?"曰:"非也,予一以贯之。"另一次是曾子和夫子对话。子曰:"参乎!吾道一以贯之。"孔子明确告诉弟子:不要看我在不同的场合有不同的表述,针对不同的人,讲求因材施教,但我的思想绝非杂乱无章,而是一以贯之的。可以这样说,一个人的思考是否达到了"一以贯之"的程度和状态,某种程度上标志着一个人的思想是否已经达到相当的高度、是否成熟。

从表象上看,人类的哲学体系包括中国哲学、西方哲学、印度哲学、阿拉伯哲学等等,但如果站在整个宇宙的角度,所谓不同的哲学体系、思想体系,不过是人们对人生、社会、宇宙某种程度的思考的一种总结和折射。如果从一以贯之的角度说,人类不同的思想体系,不过是一个民族、一个人究竟以什么样的角度、方法、路径对人生、社会、宇宙的哪些问题展开了思考,思考到什么样的程度而已。不同的人,不同的民族,其所思考的程度和深度当然有所差别。因此,我们既要用平等的眼光看到不同文化的多元共生局面,同时我们也要看到不同文化、思想体系之间的差别。而且,任何一个民族,都有自身文化的特点和支点。从特点的角度说,任何一个民族的思考都有自己的特色;从支点的角度说,任何一个民族立在天地之间,都要有自身文化的支撑,才能够繁衍延续。一旦失去了特点和支点,任何一个民族都难逃湮没和消亡的命运。

对中国而言,我们要把以儒、释、道为核心的中华传统文化中的优秀基因与革命文化、红色文化、社会主义先进文化有机结合、统一，直面人类社会的共性问题，在中华民族伟大复兴的实践中，提供中国方案，做出中国的回应。

铭记历史，须有融汇世界的胸襟

每一个人的成长，都会有无数人的帮助，应该向所有成全自己、启发自己、帮助自己的人，深深地感恩。更要感恩遇到了一个伟大的时代，让我们能够有所依止、有所成就。回望历史，生逢国家蒸蒸日上的时代，非常幸运。中华民族伟大复兴，绝不是天上掉的馅饼，而是无数伟大的政治家、科学家、思想家和劳动者共同奉献奋斗的结晶。我们不仅要感恩，更要不懈地奋斗，一代唤醒一代，托起国运，确保中华民族可持续发展！

每一个人的人生，都会很多经历，荣耀、苦难、坎坷、波折、平凡等等，都是我们的人生必修课。但无论经历过什么，我们都要有一种能力，那就是善用其心，能够把一切的经历都视为自己人生的正资产，能够看到一件事情的正面意义，从中吸取营养，历练心性，提高境界；牢骚满腹，情绪宣泄，不能解决任何问题，只有带着建设性的态度，力所能及地提出解决问题的办法，这个世界才会越来越好。

历史是一个民族的写照。历史不仅仅是曾经的故事，不仅仅是过往烟云的片段回忆，走过了什么样的路，创造过什么样的辉煌，吃过什么样的苦头，是一个民族、一个人最好的自我反思的镜子。

中华民族有五千多年的历史，我们的先辈创造过无数的辉煌，我们的文化致力于探索人生、宇宙的究竟，因而产生了无数亲证身心性命之学的皇皇巨著。但同样的，我们的民族也经历过无数的磨难、血腥和内忧外患。无论是中国历史，还是中国近代史，都以血的教训和不可辩驳的真理启示我们：什么时候我们能够保持高度的清醒，有了海纳百川的能力，我们的民族就能够不断乘风破浪，创造一个又一个奇迹。

大汉时期，全世界交通如此落后的情况下，中国已经将眼光瞄向遥远的西域，开创了贯穿欧亚的河西走廊；盛唐时期，中华民族更是有吸纳天下英才为我所用的胸襟，万国来贺，大唐盛世。近代以来，苦难的中华民族正因为能够负笈海外、如饥似渴地学习欧美的思想文化资源为我所用，才有了文化和国运的新气象。

反之，什么时候我们夜郎自大，自以为是，刚愎自用，以"老子天下第一"的狂妄看世界，丧失了学习诸方的胸襟和能力，中华民族必然走向凋零和衰败，甚至会面临亡国灭种的危机。南宋以后，随着程朱理学成为官方的意识形态，中国文人的思想也逐渐走向僵化和保守，一直到近代中国，随着中国固有文化吸纳融汇能力的减弱甚至丧失，国运也急转直下，这给中国带来的不仅是国家的衰弱，更是人民的苦难和文化的劫难，对此，我们要永远铭记，绝不重蹈覆辙！

作为中国文化的学习者和传播者，我须时时自省、自警，须有世界格局和学习、融汇天下不同文化优势为我所用的自觉，绝不可引导社会风气走向自我封闭，更不可促就国人的自傲自大，而是引导国人永远清醒，永远有反思和自我批判的能力，永远能够日新又新，永远善于学习、海纳百川！

愿与诸君共同努力，以人民和实践为师，团结奋斗，为国立魂，为国育才，永远保持清醒，永不懈怠！

郭继承

2022 年 2 月 6 日